조경석공사
메뉴얼

차 례

돌공사의 분류에 따라 표준도와 시공사례를 표시한 사진을 첨부하여, 공사별 정의를 기술하고, 설계, 적산, 시공에 관한 유의점을 명기한다.

표준도는 어디까지나 돌공사를 참고로 해서 첨부하는 것이므로 기초나 콘크리트 구체의 구조, 치수에 대해서는 구조계산 등을 토대로 결정하도록 한다.

각 공사의 설명에 들어가기 전에 공사 전반에 공통적인 설계, 적산, 시공의 유의점에 관한 공통사항을 기술한다.

유의점에 있어서는 각 공사의 항목으로 기술할 수 있는 것과 공통사항으로 기술되어 있는 것과 공통사항이나 내용이 중복되는 경우가 있으면 이것은 그 공사에 따라 매우 중요한 사항이다.

(1) 설계상의 유의점

1) 각 시설의 기능성, 안전성, 시공성, 경제성을 충분히 고려하여 설계를 하도록 한다.
2) 석재의 종류별, 물리적 특성을 이해하고 적재를 적기적소하게 사용한다. 미관, 유지관리 등을 고려하여 설계 하도록 한다.
3) 설치하는 장소의 지반조건을 파악하여 두는 것이 필요하다.
4) 다른 구조물과의 결합을 충분히 검토한 후에 설계를 하도록 한다.
5) 휨부를 두는 경우에는 시공가능성이 어떠한지 충분히 검토한다.
6) 석재의 묻는 깊이는 다른 구조물과의 결합을 고려하여 가능한한 실수가 생기지 않도록 설계한다.
7) 석재의 형태, 규격을 고려하여 설계를 하도록 한다.
8) 석재의 형태치수에서 벗어난 경우가 있을 경우 안팎치수를 표시한다.
9) 석재의 크기가 다른 것을 혼합해서 사용하는 경우에는 예상되는 석재의 형태치수와 사용하는 비율을 기입하여 둔다.
10) 석재의 돌종류를 명확하게 기술함과 동시에 시장성을 확인한다.
11) 석재의 원석명, 산지를 지정하는 경우에는 그것을 기입한다.
12) 도면은 설계자의 설계의도를 정확하게 시공자에게 전달할 필요가 있으므로 설계의도를 알기 쉽게 표현해야 한다.
13) 석재의 표면가공은 명확하게 기술하고 도면의 의도가 벗어나지 않도록 표현함과 동시에 세부 마감이 표현되지 않는 경우는 확대도로 표현한다.
14) 돌쌓기공사, 돌붙임공사, 테두리공사, 계단공사에서 단면도 만으로는 쌓는 모양, 붙임모양이 정확하게 전달되지 않으므로 정면도, 평면도 또는 스케치 등으로 표현할 필요가 있다. 또한 레벨의 변화, 다른 구조물과의 결합 등이 있는 경우에는 전개도로 표현할 필요가 있다.
15) 돌쌓기공사, 돌붙임공사, 테두리공사, 계단공사에서 줄눈 및 신축줄눈의 시방을 명확히 기입한다.
    줄눈의 종류 : 빈줄눈, 모르타르줄눈(깊은줄눈, 얕은줄눈 등), 혼화재의 사용 등
    줄눈 폭, 줄눈간격 : 돌쌓기(일반적으로 ○개소/○m). 돌붙임(일반적으로 ○개소/○m^2)

16) 돌쌓기에 속채움재, 물빼기관이 필요한 경우에는 재질, 설치장소를 이해할 수 있도록 표현한다.
17) 돌붙임의 신축줄눈과 구체 신축줄눈과의 위치관계를 명시한다.
18) 테두리 공사는 R물의 유무, 단부의 아무림을 표시한다.
19) 폭포, 시냇물, 호안석조, 인공호수, 인공폭포 등에서는 구체와 조경석 아무림에 유의하여 설계를 한다.

(2) 적산상의 유의점

1) 적산은 간행물에 게재되어 있는 재료 및 적산기준이 있는 것에 대해서는 이것을 사용하고, 적산기준과 조건이 다른 것, 기재되지 않는 것에 대해서는 견적으로 한다.
2) 견적을 낼 때는 면적, 연장길이는 단가면적으로 하고 다리, 등농, 모뉴멘트 등의 보이지 않는 사이의 막혀져 있는 것에 관해서는 품목당 견적으로 한다. 수량, 시공조건을 알 수 있는 도면을 표시하여 재료비, 설치비로 나누어서 산출한다.
3) 견적을 낼 때는 형태치수, 품질, 수량, 납기, 납입장소 등을 명확히 기입한다.
4) 견적을 낼 때는 현장으로의 어프로치를 위해 공도 · 임시도로의 유무, 작업지역의 넓고 좁음 등 운반이나 난이도를 예측할 수 있도록 현장상황을 명시한다.

(3) 시공상의 유의점

1) 설계의도를 충분히 이해한 후에 시공한다.
2) 돌쌓기를 할 경우에는 밑잡이석, 천단석, 두겁석이 중요함으로 위에 올려놓는 돌을 예상해서 시공하도록 한다.
3) 천단석, 두겁석, 단부의 굄석은 큼지막한 돌을 나란히 사용한다.
4) 흙다짐은 기초지지 지반이 충분히 다져질 수 있도록 정성스럽게 시공한다.
5) 쌓는 모양, 붙임모양은 아름답게 보이도록 미관을 고려한다.
6) 줄눈채움 모르타르를 사용하는 경우에는 돌의 표면이 오염되지 않도록 시공한다.
7) 신축줄눈, 물빼기관은 나란히 세워지지 않도록 시공한다.
8) 줄눈에는 백화현상이 발생하지 않도록 고려한다.
9) 속채움 콘크리트(모르타르)를 시공할 때에는 돌의 표면이 오염되지 않도록 주의하여 시공한다.

tip

용어해설

· 밑잡이석은 돌쌓기 맨밑에 설치하는 상부 돌의 중량을 받는 돌
· 천단석은 돌쌓기 맨윗부분에 설치하는 2면 혹은 3면이 외관으로 노출되는 돌
· 두겁석은 돌쌓기 맨윗부분에 설치하는 편평한 가공석으로 능선으로 통하는 것
· 버팀석은 돌쌓기 끝부분에 설치하는 돌
· 에프로레센스는 백화현상이라고 하고 모르타르 줄눈에서 하얗게 풍화물이 피는 현상

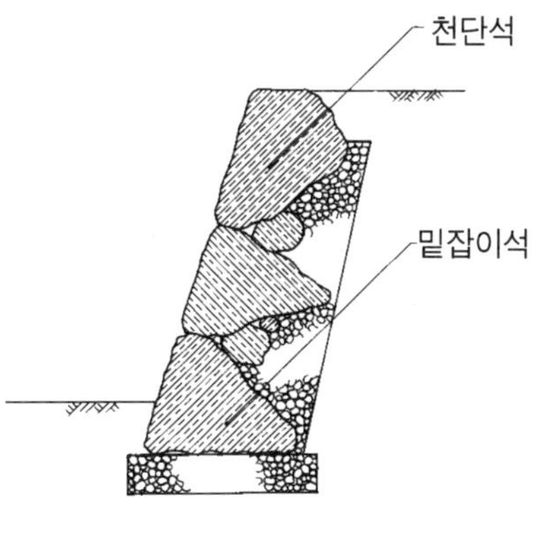

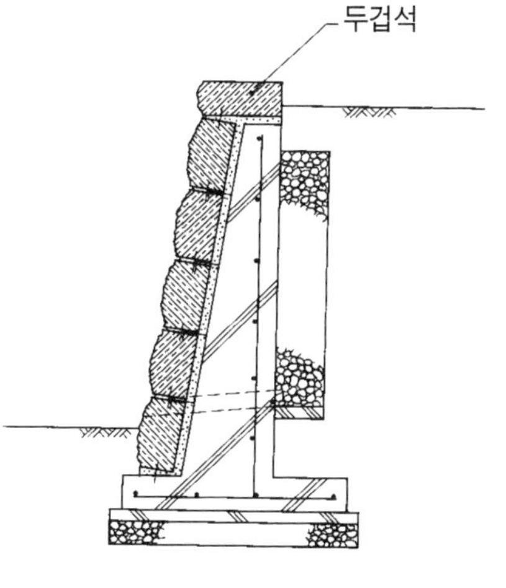

▨ 표준도

입 면 도

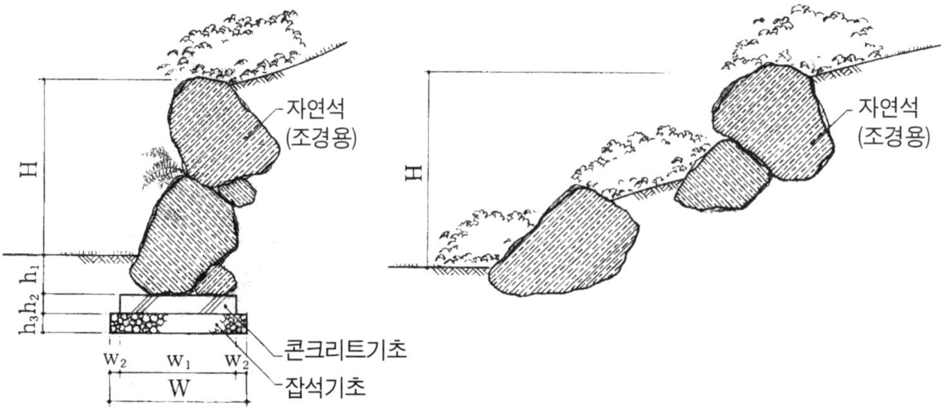

단 면 도

* 기초는 설계하지 않는 경우도 있다.
* 알파벳 기호는 주요한 치수를 표시한다.

▨ 시공사례

정의

· 막돌쌓기는 자연석(조경용)을 사용한 돌쌓기로 하단의 돌 안쪽에 상단의 돌을 끼워넣도록 하여 쌓아올라가는 것. 쌓아올린 돌의 표면이 편평하지 않아서 변화무쌍하다.
· 합단을 합하지 않고 돌과 돌의 틈을 분리해서 쌓은 것이다.
· 그다지 높지 않은 흙막이로 사용한다.

설계상의 유의점

· 설계를 할 경우에는 공통사항 1)~ 15)사항을 고려한다.
· 돌쌓기 높이와 지반조건을 고려하여 기초형상을 결정한다.
· 단부의 아무림을 고려하여 설계한다.
· 천단을 가지런히 맞출 경우에는 도면에 명확히 기입한다.
· 석재의 원석명과 형태치수를 명확히 기입한다.
· 형상치수의 기술은 자연석의 치수가 폭이 있는 것을 고려하여 ○t~○t라는 표현으로 한다.
· 시공상, 보조석을 필요로 하는 경우도 있으므로 단면도로 이해할 수 있도록 표현한다.
· 식물을 돌틈 사이에 식재하는 경우는 도면에 명확히 기입한다.

적산상의 유의점

· 적산에 있어서는 공통사항 1)~4)사항을 고려한다.
· 수량이 많은 경우에는 톤당의 견적으로 하고 적지 않은 경우는 품목당 견적이 바람직하다.
· 보조석의 수량은 사용석재의 10%정도를 예상해서 설계한다.
* 석재의 중량(t)은 돌쌓기높이(m)×버팀길이(m)×연장길이(m)×비중(t/m^3)×2/3이고, 일반적으로 산출한다.

시공상의 유의점

· 시공에 있어서는 공통사항 1)~5)사항을 고려한다.
· 설계도면을 이해하고 돌을 대소균형의 조화가 잘 되도록 맞춰서 시공한다.
· 석조를 축조함에 있어서 밑잡이석이 되는 돌이 대단히 중요한 것이므로 위에 얹는 돌을 예상해서 시공한다.
· 천단석이나 단부의 막이석은 될 수 있는 한 큼직한 돌을 사용한다.
· 돌과 돌이 2점이상 맞물릴 수 있도록 시공한다.
· 흙다짐은 흙이 충분히 다져질 수 있도록 정성스럽게 시공한다.
· 줄눈, 합단에 식물을 식재하는 경우에는 식재공간을 확보해 둔다.
· 미래형 관리는 사용석재의 받침관에 의한 사용 총중량으로 실시한다.

▨ 사용석재

막돌쌓기에 사용하는 자연석(조경용), 둥근자연석은 다음과 같다.

〈자연석(조경용)〉

1) 형태는 자연 그대로의 암석으로 너무 편평하거나 가늘고 길지 않은 것
2) 치수는 대체로 25cm이상인 것
3) 품질은 쪼개지지 않고 겉보기에 인위적인 결점이 거의 없는 것

〈막돌〉

1) 형상은 자연그대로인 것이므로 비교적 평탄한 면을 가진 편평하지 않은 것
2) 치수는 대체로 5~25cm 정도로 일반적으로는 5~15cm인 것이 사용된다.
3) 품질은 잘 쪼개지지 않는 것과 겉보기에 인위적인 결점이 거의 없는 것

▨ 막돌쌓기의 시공순서

시공순서는 표준적인 것이 있고, 현장조건 등에 따라 크게 변화된다.

다음에 ＊표시가 되어 있는 부분은 시공상 특별히 조경적 배려를 요하는 조경공사에 특징적인 작업내용을 표시했다.

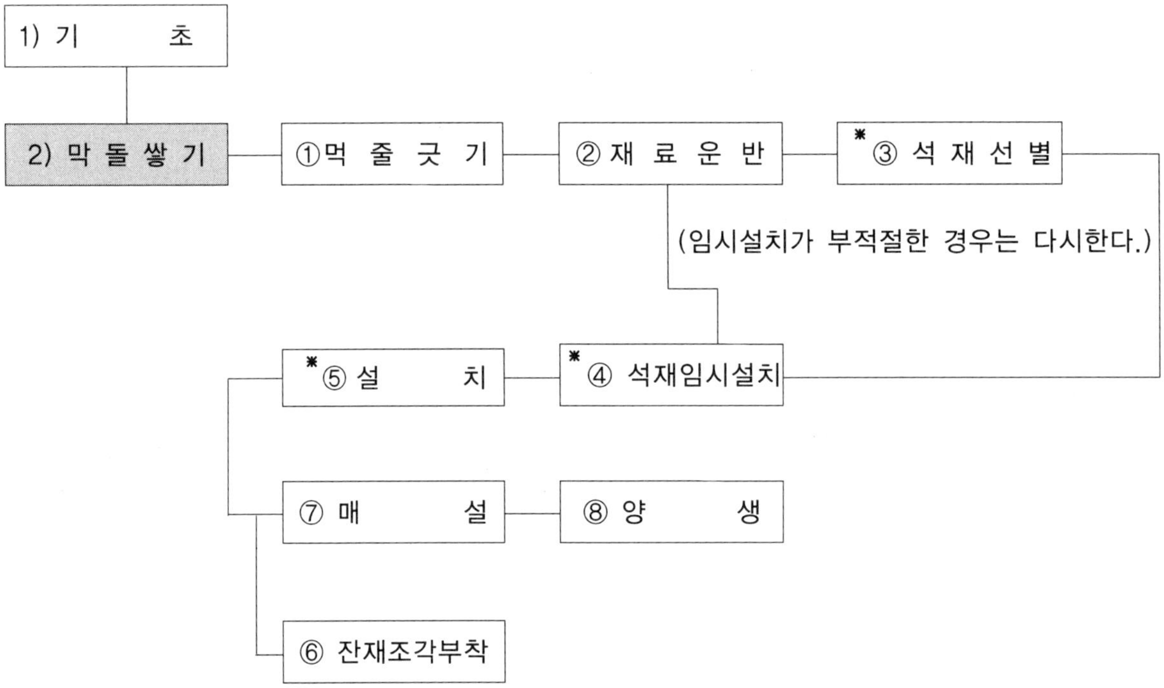

▨ 시공순서별 작업내용

1) 기　　초 ················ 굴삭, 바닥부착, 잡석기초, 콘크리트기초 등의 기초에 관한 일련의 작업

2) 막돌쌓기 ················ 먹줄긋기에서 설치까지의 자연석 겉표면이 갖는 자연미를 살려 조경적인 배려를 가미하면서 돌을 쌓아올린 것에 관한 모든 작업

① 먹줄긋기 ··········· 시공범위, 물매, 마감높이의 먹줄긋기작업
② 재료운반 ··········· 사용재료의 현장 하역장소 등에서부터 시공현장까지의 운반작업으로 운반거리 20m정도
*③ 석재선별 ··········· 조경적인 배려를 가미하면서 그 장소에 적합한 돌을 선별하는 작업
*④ 석재임시설치 ······ 선별된 석재를 임시설치하여 아무림이 알맞게 잘 되었는지를 판단하는 작업
*⑤ 설　　치 ············ 석재의 대소를 조합하여 조경을 고려하고 설치하는 작업
⑥ 잔재조각부착 ······ 자연석 조합이기 때문에 사용 수량 이상으로 예비수량을 반입하여 두고, 작업완료후 남은 석재를 조각설치하는 작업
⑦ 매　　설 ··········· 설치 완료 후에 매설하는 작업
⑧ 양　　생 ··········· 세트된 자연석의 청소와 오염을 방지하기 위한 시트양생

▨ 표준도

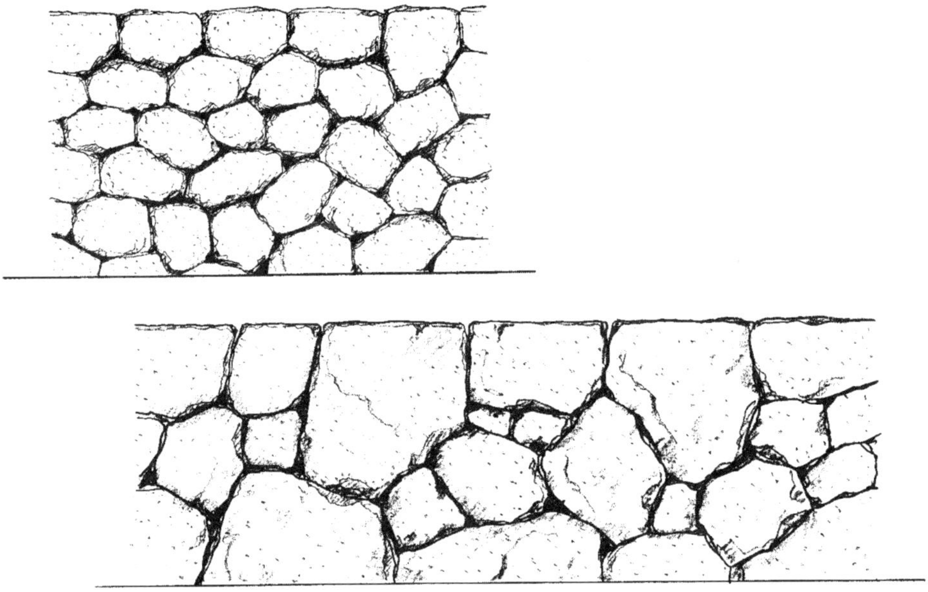

입 면 도

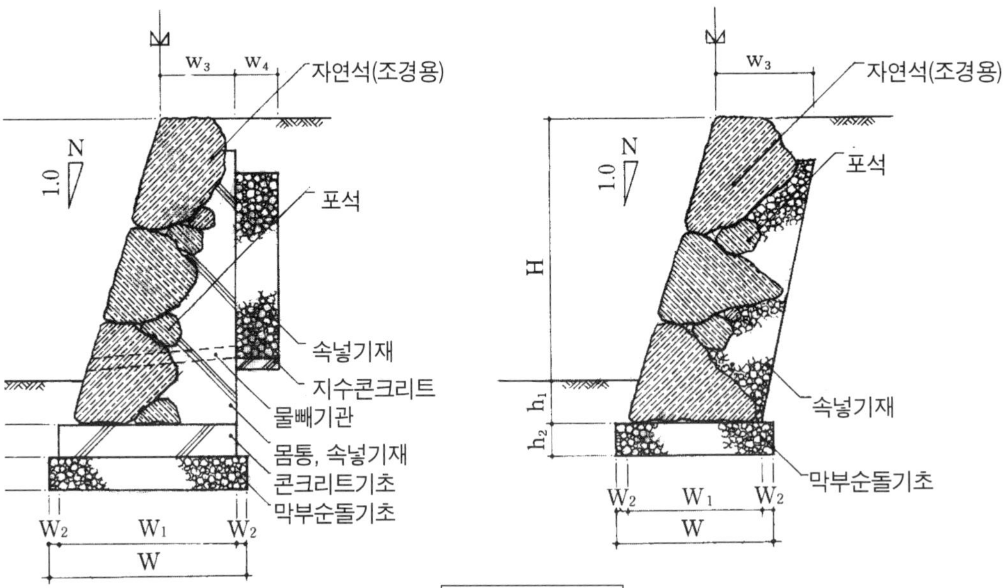

단 면 도

* 알파벳 기호는 주요한 치수를 표시한다.

▨ 시공사례

정의

· 면쌓기는 자연석(조경용)을 사용한 돌쌓기로서 크기가 다른 석재를 표면이 편평하게 되도록 조경적 배려를 가미하면서 면을 맞추어 쌓아올리는 것. 원칙적으로 표면의 가공은 가하지 않는다.

설계상의 유의점

· 설계할 때에는 공통사항 1)~16)를 고려한다.

· 돌쌓기 높이와 형태치수를 기입한다.

· 단부의 아무림을 고려하여 설계한다.

· 석재의 원석명과 형태치수를 명기한다.

· 형태치수의 기술은 자연석이 치수에 있어서 폭이 있는 것을 고려하여 평균지름 ○~○cm라는 표시를 함과 동시에 사용비율을 명시한다.

· 시공상, 보유석이 필요한 경우도 있으므로 단면도로 이해할 수 있도록 표현한다.

· 속넣기 콘크리트를 설치하는 경우에는 신축줄눈을 설치, 재질, 형상, 피치 등을 명기한다.

· 속넣기, 물빼기관을 설치하는 경우는 속넣기재, 물빼기관의 재질, 형상, 피치 를 명기한다.

적산상의 유의점

· 적산에 있어서는 공통사항 1)~4)를 고려한다.

· m당 또는 m^2당 견적으로 한다.

· 보유석의 수량은 사용하는 석재량의 10% 정도를 감안하여 설계한다.

시공상의 유의점

· 시공에 있어서는 공통사항 1)~9)를 고려한다.

· 설계의도를 이해하고, 석재를 크고 작은 돌의 밸런스에 알맞게 맞춰 시공한다.

· 돌쌓기를 시공함에 있어서 밑잡이석이 되는 돌이 대단히 중요함으로 위에 얹는 돌을 예상하여 시공한다.

· 천단석과 단부의 막돌은 가능하면 커다란 돌을 사용한다.

· 천단석은 능선이 될 수 있는 돌을 채용한다.

· 보유석, 채움석이 많아지면 미관을 손상시킬 수 있으므로 많아지지 않도록 고려하여 시공한다.

· 속넣기 콘크리트를 시공할 경우에는 돌의 표면을 오염시키지 않도록 주의하여 시공한다.

· 신축줄눈, 물빼기관은 가능하면 서로 나란하지 않도록 시공한다.

▨ 사용석재

면쌓기에 사용하는 자연석(조경용), 막돌은 다음과 같다.

〈자연석(조경용)〉

1) 형태는 자연 그대로의 암석으로 너무 편평하거나 가늘고 길지 않은 것
2) 치수는 대체로 25cm이상인 것
3) 품질은 쪼개지지 않고 겉표면이 인위적인 결점이 거의 없는 것

〈막돌〉

1) 형상은 자연그대로인 것이므로 비교적 편평한 면을 갖거나 편평하지 않은 것
2) 치수는 대체로 5~25cm정도로 일반적으로는 5~15cm인 것이 사용된다.
3) 품질은 쪼개지지 않은 것과 인위적인 결점이 거의 없는 것

▨ 면쌓기의 시공순서

시공순서는 표준적인 것이 있고, 현장조건 등에 따라 크게 변화한다.

다음 표에 *표시가 되어 있는 부분은 시공상 특별히 조경적 배려를 요하는 조경공사에 특징적인 작업내용을 표시했다.

▨ 시공순서별 작업내용

1) 기　　초 ……………… 굴삭, 바닥부착, 막부순돌기초, 콘크리트기초 등의 기초에 관한 일련의 작업

2) 면쌓기 ………………… 먹줄긋기에서 설치까지의 자연석 겉표면이 갖는 자연미를 살려 조경적으로 쌓은 모양을 고려한 돌쌓기에 관한 모든 작업

① 먹줄긋기 ………… 시공범위, 물매, 마감높이의 먹줄긋기작업

② 재료운반 ………… 사용재료의 현장 하역장소 등에서부터 시공현장까지의 운반작업으로 운반거리 20m정도

*③ 석재선별 ………… 쌓는 모양을 고려하여 그 장소에 적합한 돌을 선별하는 작업

*④ 석재임시설치 …… 선별된 석재를 임시설치해 두고, 아무림이 알맞게 잘 되었는지를 판단하는 작업. 자연석이기 때문에 아무림에 취약한 경우, 석재를 재선별하여 반복한다.

*⑤ 속합단가공 ……… 석재의 겉표면의 줄눈폭을 맞춰야 하기 때문에 숨은줄눈 부분에 가공을 하는 작업

⑥ 설　　치 ………… 석재의 크고 작은 것을 조합하여 쌓는 모양을 고려하여 합단에 맞추어 설치하는 작업. 특히 천단석은 자연석에 가공을 가하지 않고, 높이를 일정하기 하기 위하여 재료선별 · 석재임시설치 · 설치에 각별한 배려를 요한다.

⑦ 잔재조각부착 …… 자연석 조합이기 때문에 사용 수량 이상으로 예비수량을 반입하여 두고, 작업완료후 남은 석재를 조각설치하는 작업

⑧ 속넣기 콘크리트 ·· 거푸집해체, 속넣기에 관한 작업

⑨ 매　　설 ………… 설치 완료 후에 매설하는 작업

⑩ 씻　　기 ………… 자연석의 표면에 부착된 모르타르 등을 제거하는 작업으로 간단한 배수처리를 포함한다.

3) 신축줄눈 ……………… 시방서, 특별사항 등에 따라 기초 콘크리트의 신축줄눈에 맞춰서 시공하는 것이다. 이 경우 줄눈넣기 작업

▨ 표준도

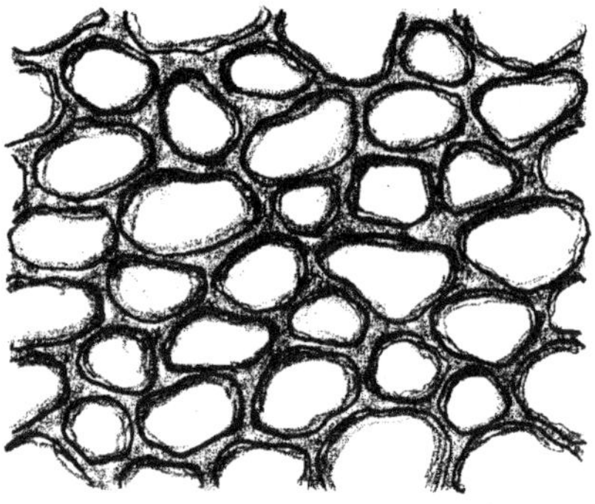

[표준형]

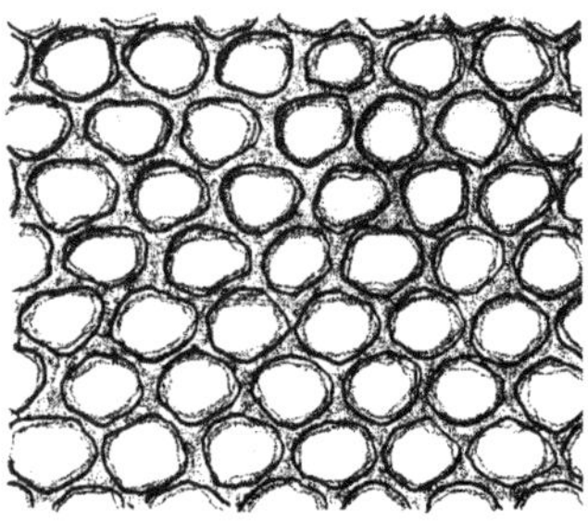

[마구리쌓기]

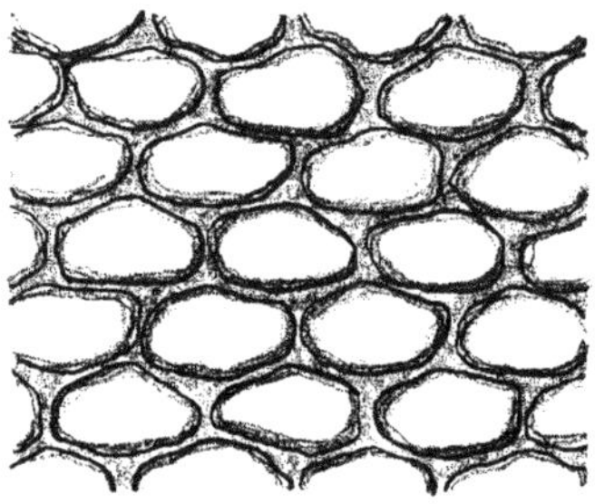

[긴쪽쌓기]

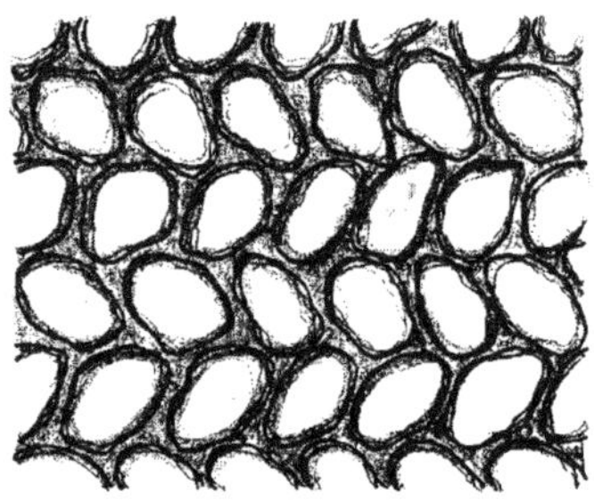

[활쌓기]

입 면 도

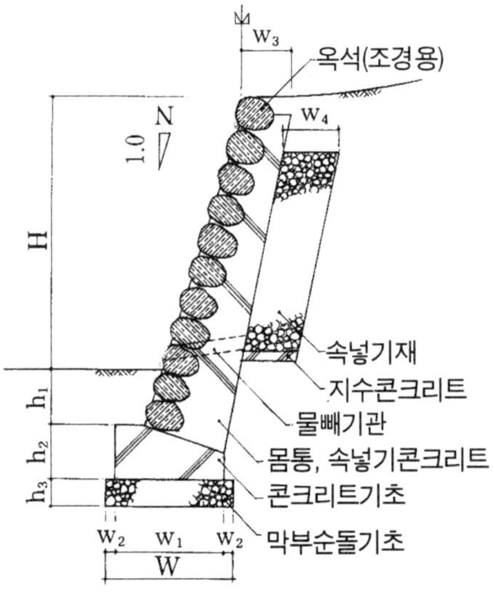

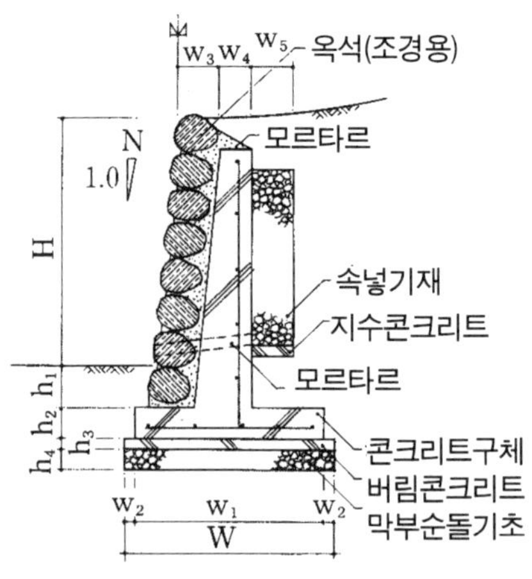

단 면 도

* 알파벳 기호는 주요한 치수를 표시한다.

▨ 시공사례

정의

- 옥석쌓기는 대체로 크기가 일정한 옥석(조경용)을 사용한 돌쌓기로 줄눈이 상하로 되지 않도록 쌓아올린 것
- 전통적 쌓기법으로는 작은 돌멩이 쌓기, 길쭉쌓기(포쌓기), 화살깃쌓기 등이 있지만 현재에는 균질한 석재를 입수하기 곤란하기 때문에 표준쌓기같은 쌓기모양으로 한다.

설계상의 유의점

- 설계에 있어서는 공통사항 1)~16)를 고려한다.

- 돌쌓기의 단면형상은 시공장소, 시공성, 돌쌓기높이 등을 검토한 후에 결정한다.
- 쌓기모양이 이해할 수 있도록 표현한다.
- 석재의 입수가 가능한지 확인한다.
- 석재의 형상치수는 안팎으로 표시한다.
- 줄눈, 신축줄눈의 시방을 명확히 기입한다.
- 속넣기재, 물빼기관을 설치하는 경우에는 재질, 형상, 피치를 명기한다.

적산상의 유의점

- 적산에 있어서는 공통사항 1)~4)를 고려한다.
- m당 또는 m^2당 견적으로한다.

시공상의 유의점

- 시공에 있어서는 공통사항 1), 5) ~9)를 고려한다.
- 돌은 밸런스에 맞게 시공한다.
- 돌끼리 잘 끼워맞춰지도록 시공한다.
- 하루당 쌓기높이에 유의하여 시공한다.
- 줄눈 모르타르는 부배합으로 하고, 어느 정도 얕은 줄눈마감으로 한다.
- 모르타르로 돌의 표면을 오염시키지 않도록 주의하여 시공한다.
- 신축줄눈, 물빼기관은 가능하면 나란하지 않도록 시공한다.

▨ 사용석재

· 옥석쌓기에 사용하는 옥석(조경용)은 다음과 같다.

〈옥석(조경용)〉

1) 형태는 각이 마모되어 둥글어지고 형상은 대체로 계란형으로 너무 납작하거나 가늘고 길지 않은 것
2) 치수는 대체로 15~30cm 정도이고, 일반적으로는 15~20cm인 것이 사용된다.
3) 품질은 쪼개지지 않고 균열 등의 결점이 거의 없는 것

▨ 옥석쌓기 시공순서

시공순서는 표준적인 것이 있고, 현장조건 등에 따라 크게 변화한다.

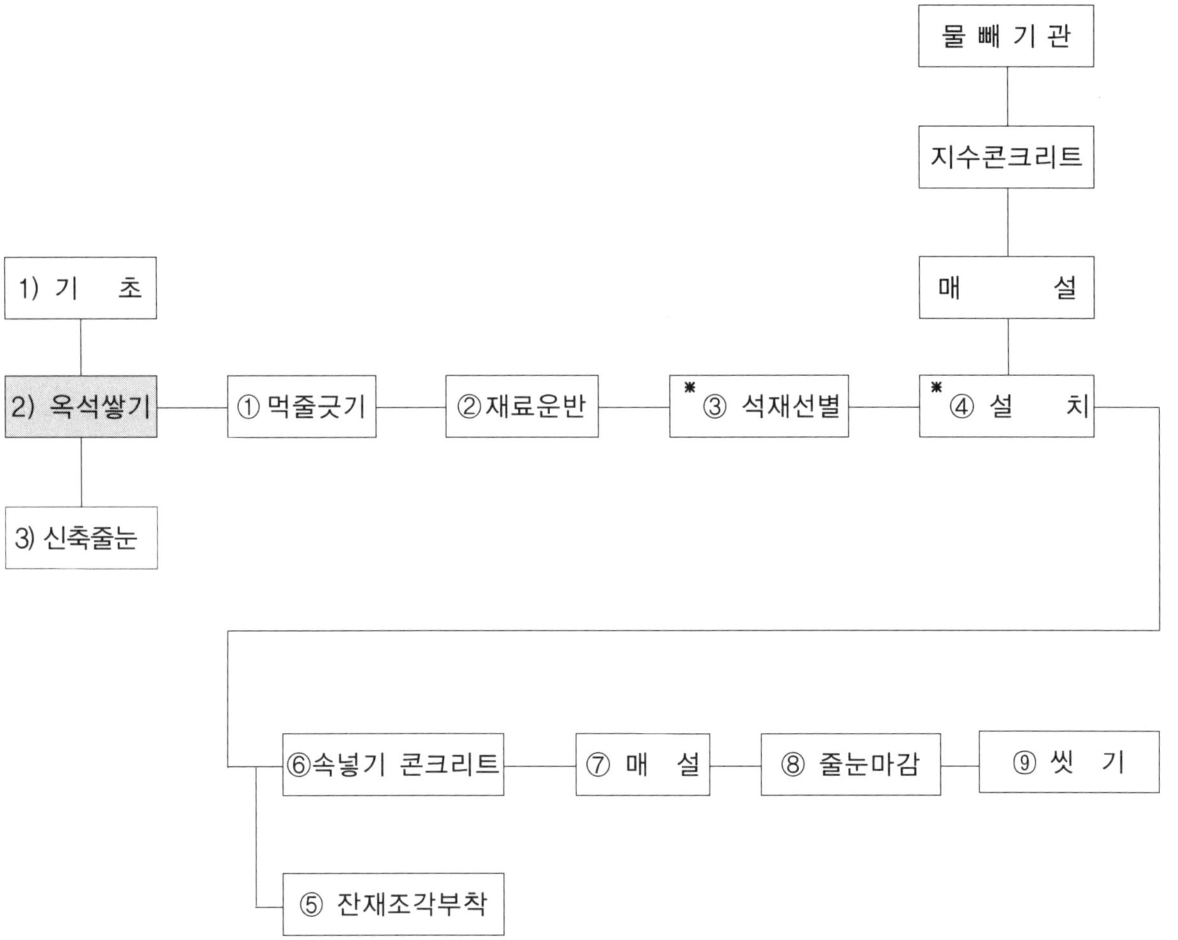

▨ 시공순서별 작업내용

1) 기　　초 ················· 굴삭, 바닥부착, 막부순돌기초, 콘크리트기초 등의 기초에 관한 일련의 작업

2) 옥석쌓기 ················· 먹줄긋기에서 설치, 줄눈바름까지의 돌쌓기에 관한 모든 작업

① 먹줄긋기 ··········· 시공범위, 물매, 마감높이의 먹줄긋기작업

② 재료운반 ············ 사용재료의 현장 하역장소 등에서부터 시공현장까지의 운반작업으로 운반거리 20m정도

*③ 석재선별 ··········· 조경적으로 쌓기모양을 고려하여 아무림에 좋은 석재를 선택하는 작업

*④ 설　　치 ··········· 선별한 석재를 적재하는 작업.

⑤ 잔재조각부착 ······ 남은 석재 등의 조각설치작업

⑥ 속넣기 콘크리트 ·· 거푸집해체, 속넣기에 관한 작업 및 자갈

⑦ 매설 ··················· 속넣기 완료후 매설작업

⑧ 줄눈마감 ············ 속 합단에 모르타르를 발라넣는 작업

⑨ 씻　　기 ············ 표면에 부착된 모르타르 등을 제거하는 작업으로 간단한 배수처리를 포함한다.

3) 신축줄눈 ················ 시방서, 특별사항 등에 따라 기초 콘크리트의 신축줄눈에 맞춰서 시공하는 것이다. 이 경우 줄눈넣기 작업

▨ 표준도

입 면 도

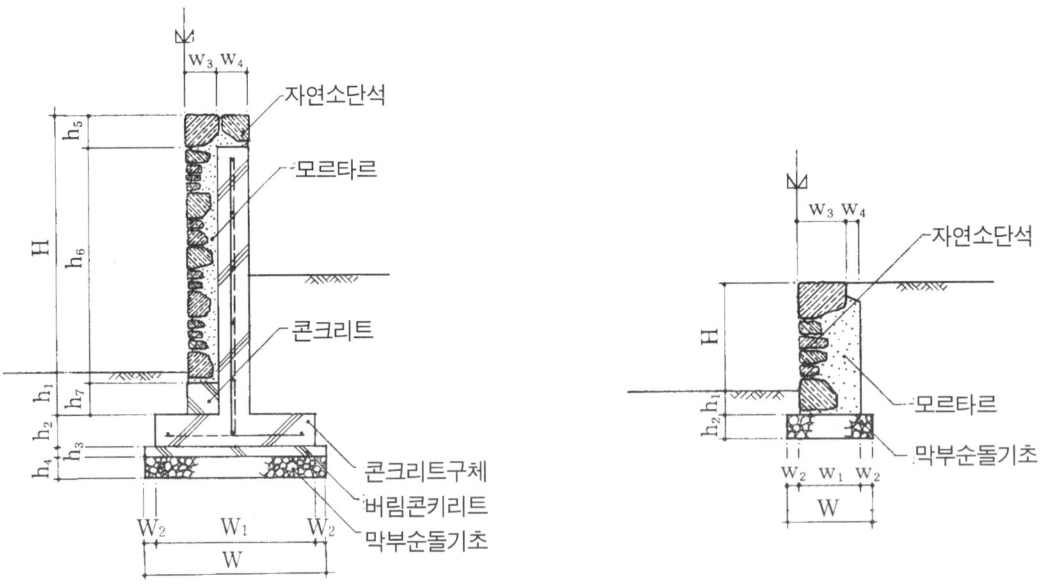

단 면 도

＊ 알파벳 기호는 주요한 치수를 표시한다.

시공사례

정의

· 자연석 작은단쌓기는 자연소단석을 사용한 돌쌓기로 두께가 다른 크고 작은 석재를 횡단면이 보이도록 조경적 배려를 가미하면서 밸런스에 맞게 잘 조화시켜서 쌓는 것
· 줄눈은 깊은줄눈이 일반적이다.

설계상의 유의점

· 설계에 있어서는 공통사항 1)~16)를 고려한다.
· 구체의 단면형상은 구조상 문제가 없도록 설계한다.
· 쌓기모양이 이해할 수 있도록 표현한다.
· 석재의 원석명과 형상치수를 명확히 기입한다.
· 형상치수가 다른 석재를 혼합하여 사용하는 경우에 예상되는 혼합률을 명확히 기입한다.
· 줄눈, 신축줄눈의 시방을 명확히 기입한다.
· 속넣기재, 물빼기관을 설치하는 경우에는 재질, 형상, 피치를 명확히 기입한다.

적산상의 유의점

· 적산에 있어서는 공통사항 1)~4)를 고려한다.
· m당 또는 m^2당 견적으로한다.
· 천단석을 설치하는 경우에는 이것을 고려한다.

시공상의 유의점

· 시공에 있어서는 공통사항 1), 3) 5) ~9)를 고려한다.
· 수평줄눈을 강조하도록 크고 작은 돌을 밸런스에 맞게 잘 조화시켜서 시공한다.
· 개개의 돌의 능선, 돌의 컷을 잘 살리도록 시공한다.
· 천단석은 능선이 연출되는 돌을 사용한다.
· 형상치수나 돌 종류가 다른 것을 혼합하여 쌓는 경우는 크고 작은 돌의 밸런스가 잘 맞아 보이도록 시공한다.
· 하루당 쌓기높이에 유의하여 시공한다.
· 돌의 표면을 오염시키지 않도록 주의하여 시공한다.
· 신축줄눈, 물빼기관은 가능하면 나란하지 않도록 시공한다.
· 백화현상은 발생하지 않도록 고려한다.

▨ 사용석재

· 자연석쌓기에 사용하는 자연소단석(조경용)은 다음과 같다.

〈자연소단석〉

1) 형태는 자연 그대로인 것으로 비교적 편평하고 가로길이의 작은 단 쌓기에 적합한 것
2) 치수는 돌 종류에 따라 다르다.
3) 품질은 강도, 내구적이며, 푸석거림 등의 결점이 거의 없는 것

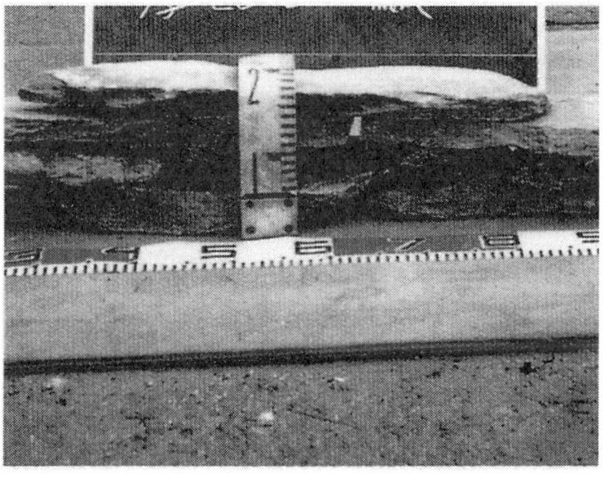

*석재의 두께는 단파석 3~8cm, 철평석 1~3cm

▨ 자연석소단석 쌓기의 시공순서

시공순서는 표준적인 것이 있고, 현장조건 등에 따라 크게 변화한다.

다음에 * 표시가 되어 있는 부분은 시공상 특별히 조경적 배려를 요하는 조경공사에 특징적인 작업내용을 표시했다.

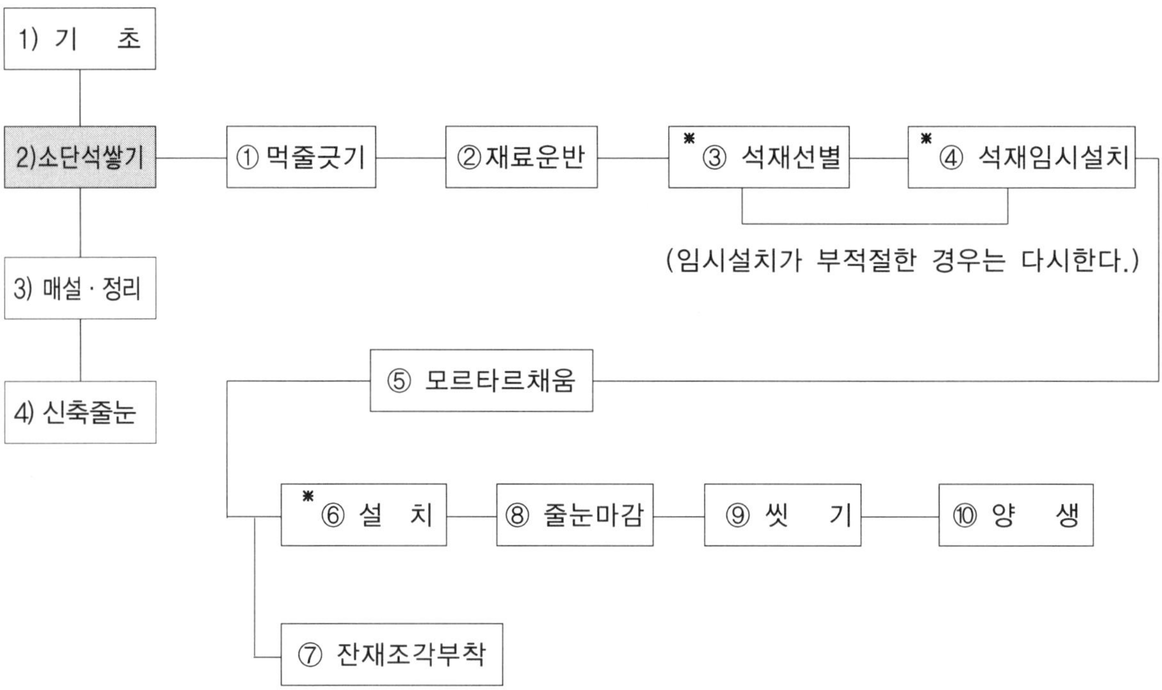

▨ 시공순서별 작업내용

1) 기　　초 ………………… 굴삭, 바닥부착, 막부순돌기초, 콘크리트기초 등의 기초에 관한 일련의 작업

2) 자연소단석쌓기 …… 먹줄긋기에서 붙임, 양생까지의 조경적으로 겉표면의 모양을 고려한 돌쌓기에 관한 모든 작업

① 먹줄긋기 ………… 시공범위, 마감높이의 먹줄긋기작업

② 재료운반 ………… 사용재료의 현장 하역장소 등에서부터 시공현장까지의 운반작업으로 운반거리 20m정도

*③ 석재선별 ………… 설치 장소에 적합한 석재의 선별작업

*④ 석재임시설치 …… 석재의 크고 작은 밸런스 등을 고려하여 높이 및 합단에 맞추기 위한 임시설치작업. 적합하지 않은 경우는 석재 선별작업부터 반복한다.

⑤ 모르타르채움 …… 석재를 임시설치하기 위한 모르타르를 채우는 작업

*⑥ 설　　치 ………… 선별한 석재를 설치하는 작업

⑦ 잔재조각부착 …… 남은 석재를 조각설치하는 작업

⑧ 줄눈마감 ………… 줄눈모르타르를 채우고, 솔 또는 줄눈흙손 등으로 마감하는 작업

⑨ 씻　　기 ………… 표면에 부착된 모르타르 등을 제거하는 작업

⑩ 양　　생 ………… 치솟아 들어간 방지책 등의 설치 및 시트에 의한 양생작업

3) 매설 · 정리 ………… 속넣기 완료 후 매설 · 정리에 관한 작업

4) 신축줄눈 ……………… 시방서, 특별사항 등에 따라 기초 콘크리트의 신축줄눈에 맞춰서 시공하는 것이다. 이 경우 줄눈넣기 작업

▨ 표준도

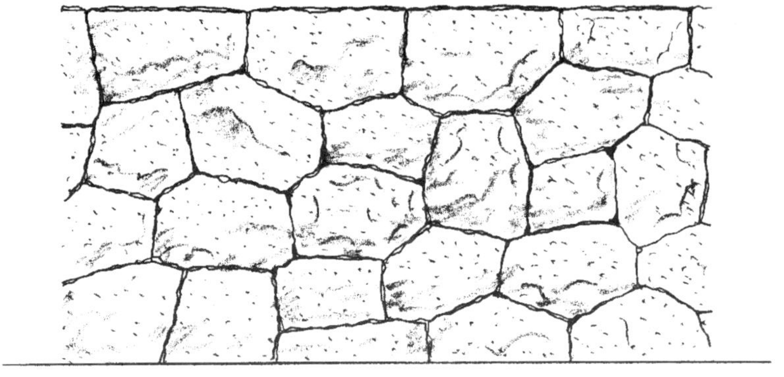

입 면 도

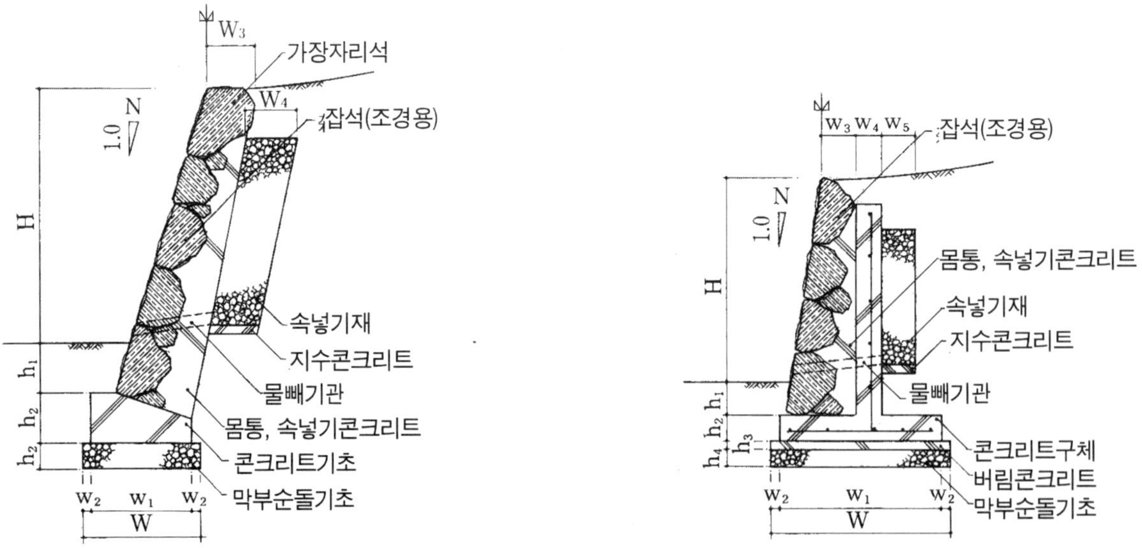

단 면 도

* 알파벳 기호는 주요한 치수를 표시한다.

▨ 시공사례

정의

· 조경할석쌓기는 잡석(조경용)이나 할각석(조경용)을 사용한 돌쌓기로 크기가 다른 크고 작은 석재를 선별하여 조경적 배려를 가미하면서 밸런스에 잘 맞게 조합시켜 면을 고르면서 나란히 쌓아올린 것

· 할석을 사용한 할석쌓기와는 다르다.

설계상의 유의점

· 설계에 있어서는 공통사항 1)~16)를 고려한다.
· 돌쌓기의 단면형상은 시공장소, 시공성, 돌쌓기높이 등을 검토한 후에 결정한다.
· 쌓기모양이 이해할 수 있도록 표현한다.
· 천단석을 설치하는 경우에는 이것을 명확히 기입한다.
· 석재의 원석명과 형상치수를 명확히 기입한다.
· 형상치수가 다른 석재를 혼합하여 사용하는 경우에 예상되는 혼합률을 명확히 기입한다.
· 줄눈, 신축줄눈의 시방을 명확히 기입한다.
· 속넣기재, 물빼기관을 설치하는 경우에는 재질, 형상, 피치를 명확히 기입한다.

적산상의 유의점

· 적산에 있어서는 공통사항 1)~4)를 고려한다.
· m당 또는 m^2당 견적으로한다.
· 천단석을 설치하는 경우에는 이것을 고려한다.

시공상의 유의점

· 시공에 있어서는 공통사항 1)~4)를 고려한다.
· 설계의도를 이해하고, 크고 작은 돌의 밸런스에 잘 맞게 조합시켜서 쌓는 모양이 아름답게 보이도록 시공한다.
· 석재끼리의 합단이 잘 맞도록 현장에서 가공하면서 시공한다.
· 천단석이 있는 경우는 가능하면 큰 것을 사용하고, 능선이 되도록 시공한다.
· 신축줄눈, 물빼기관은 가능하면 나란하지 않도록 시공한다.
· 돌의 표면을 오염시키지 않도록 주의해서 시공한다.

▨ 사용석재

· 조경할석쌓기에 사용하는 잡석(조경용), 할각석(조경용)은 다음과 같다.

〈잡석(조경용)〉

1) 형태는 편평한 것과 너무 편평하거나 가늘고 길지 않은 것
2) 치수는 특별히 규정짓지 않는다.
3) 품질은 내구적이고, 균열, 푸석거림 등의 결점이 거의 없는 것

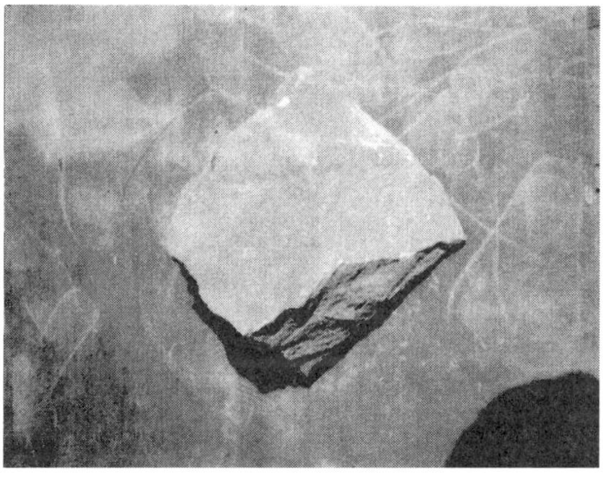

〈할각석(조경용)〉

1) 형태는 폭이 두께의 3배 미만이고 혹은 길이를 가진 방형이나 거기에 가까운 정형에 할가공된 것
2) 치수는 KS에 준하지만 이것 이외에도 허용된다.
3) 품질은 강도, 내구적이고, 균열, 푸석거림 등의 결점이 거의 없는 것

▨ 조경할석쌓기의 시공순서

시공순서는 표준적인 것이 있고, 현장조건 등에 따라 크게 변화한다.

다음에 ＊표시가 되어 있는 부분은 시공상 특별히 조경적 배려를 요하는 조경공사에 특징적인 작업내용을 표시했다.

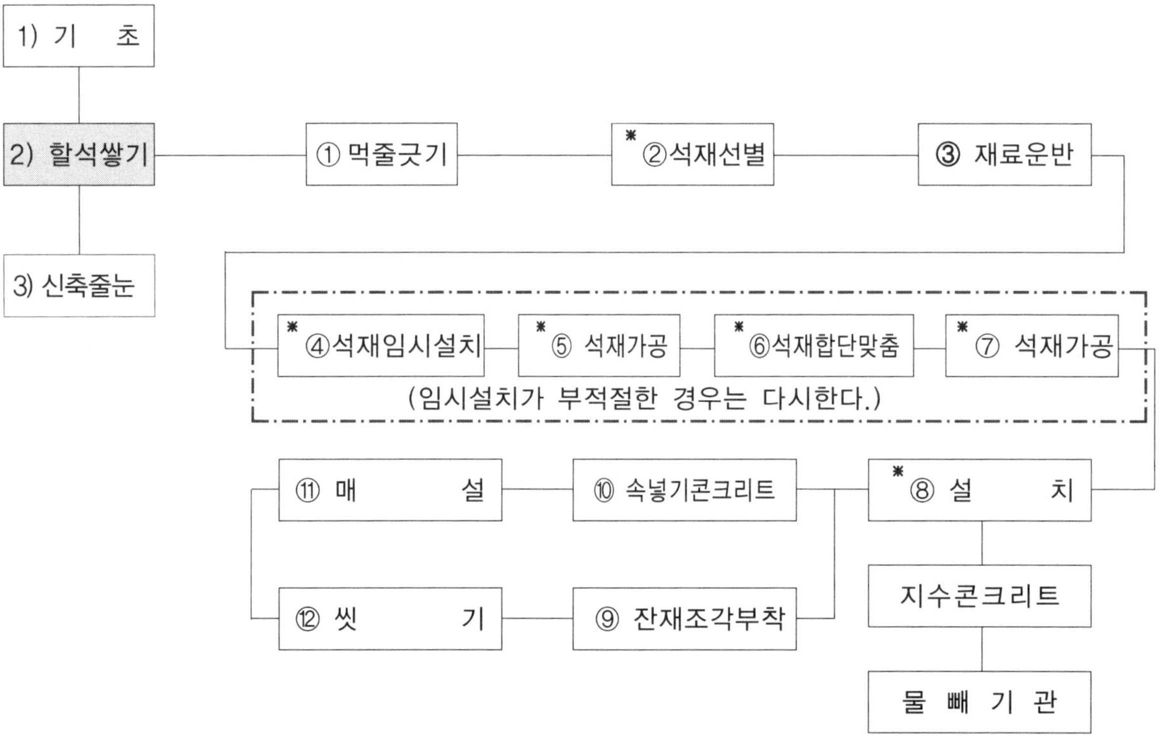

▨ 시공순서별 작업내용

1) 기　　초 ……………… 굴삭, 바닥부착, 막부순돌기초, 콘크리트기초 등의 기초에 관한 일련의 작업

2) 조경할석쌓기 ……… 먹줄긋기에서 가공, 설치까지의 조경적 배려를 가미하면서 돌쌓기에 관한 전체 작업으로 형상 및 합단가공 등을 포함한다.

① 먹줄긋기 ………… 시공범위, 물매, 마감높이의 먹줄긋기작업

*② 석재선별 ………… 조경적 배려(형, 크기, 색 등)로 인한 석재선별작업

③ 재료운반 ………… 사용재료의 현장 하역장소 등에서부터 시공현장까지의 운반작업으로 운반거리 20m정도

*④ 석재임시설치 …… 선별된 석재를 임시로 쌓아보고, 적합한지 부적합한지의 판정 및 가공하기 위한 석재먹치기 작업

*⑤ 석재가공 ………… 임시로 합한 먹치기에 의해 석재를 코어스케 또는 정확하게 가공하는 작업

*⑥ 석재합단맞춤 …… 가공한 석재를 쌓고, 합단이 가는 가공을 하기 위한 먹치기 작업

*⑦ 석재가공 ………… 합단을 정렬되게 맞추기 위한 코어스케 또는 정확하게 가공작업(단 합단에 맞추는 상황에서 반복되는 경우가 있다)

*⑧ 설　　치 ………… 최종 가공한 석재를 조합하여 조경을 고려하고 설치하는 작업

⑨ 잔재조각부착 …… 가공단재 등의 조각부착작업

⑩ 속넣기 콘크리트 ‥ 거푸집해체, 속넣기에 관한 작업

⑪ 매　　설 ………… 속넣기 완료 후에 매설하는 작업

⑫ 씻　　기 ………… 표면에 부착된 콘크리트 등을 제거하는 작업으로 간단한 배수처리를 포함한다(공사완료시에 씻기를 할 경우가 있다).

3) 신축줄눈…………………시방서, 특별사항 등에 따라 기초 콘크리트의 신축줄눈에 맞춰서 시공하는 것이다. 이 경우 줄눈넣기 작업

▨ 표준도

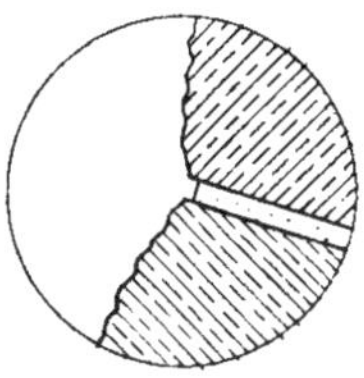

[합단확대도]

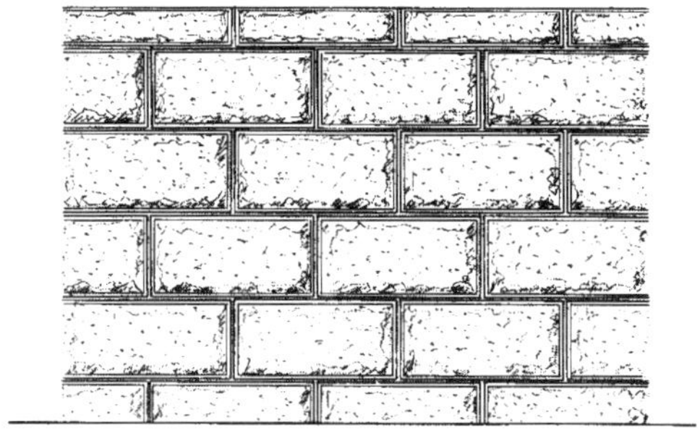

입 면 도

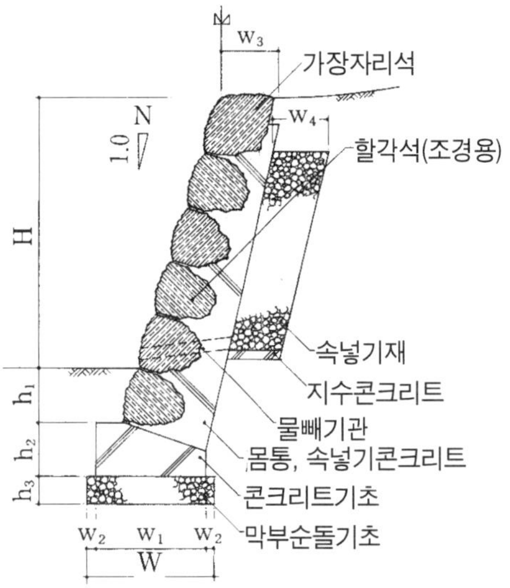

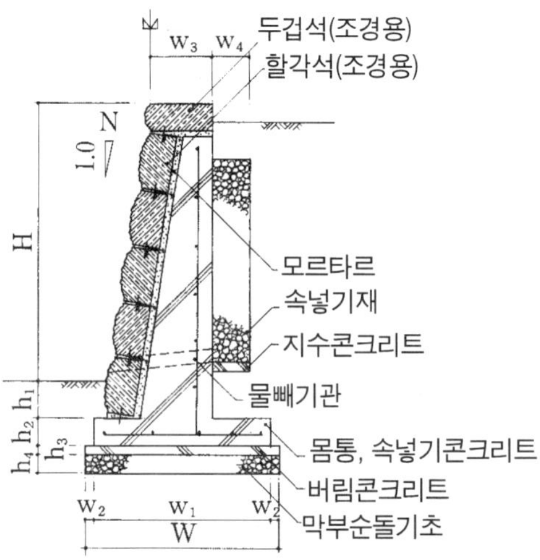

단 면 도

＊알파벳 기호는 주요한 치수를 표시한다.

▨ 시공사례

정의

· 맞춤돌출석 쌓기는 할각석(조경용)을 사용한 돌쌓기로 할각석(조경용)의 쪼갠 표면의 합단을 정렬에 맞추는 것에 따라 면이 돌출형으로 된 것
· 합단은 수공가공과 기계가공이 있지만 현재는 기계가공이 일반적이다.

설계상의 유의점

· 설계에 있어서는 공통사항 1)~16)를 고려한다.
· 돌쌓기의 단면형상은 시공장소, 시공성, 돌쌓기높이 등을 검토한 후에 결정한다.
· 석재끼리 석재와 구체의 접속을 고려하여 설계한다.
· 쌓기모양이 이해할 수 있도록 표현한다.
· 천단석, 두겁석을 설치하는 경우에는 이것을 명확히 기입한다.
· 석재의 돌 종류, 형상치수, 표면가공, 각부의 시방을 명확히 기입한다.
· 형상치수가 다른 석재를 혼합하여 사용하는 경우에 예상되는 혼합률을 명확히 기입한다.
· 줄눈, 신축줄눈의 시방을 명확히 기입한다.
· 속넣기재, 물빼기관을 설치하는 경우에는 재질, 형상, 피치를 명확히 기입한다.

적산상의 유의점

· 적산에 있어서는 공통사항 1)~4)를 고려한다.
· m당 또는 m^2당 견적으로한다.
· 천단석, 두겁석을 설치하는 경우에는 이것을 고려한다.
· 지지철물을 사용할 경우는 이것도 견적으로 한다.

시공상의 유의점

· 시공에 있어서는 공통사항 1), 2), 5)~9)를 고려한다.
· 줄눈의 가공은 주의하여 실시한다.
· 돌의 표면을 오염시키지 않도록 주의해서 시공한다.
· 신축줄눈과 물빼기관은 가능하면 나란하게 되지 않도록 시공한다.

▨ 사용석재

· 맞춤돌출석쌓기에 사용하는 할각석(조경용) 다음과 같다.

〈할각석(조경용)〉

1) 형태는 폭이 두께의 3배미만이고, 여유길이를 가진 직사각형이거나 거기에 가까운 정사각형으로 분할가공된 것
2) 치수는 KS에 준하지만 이것 역시 예외가 허용된다.
3) 품질은 내구적이고, 균열, 푸석거림 등의 결점이 거의 없는 것

*할각석(조경용)의 표면에 맞춤마감한 석재를 사용한다.

▨ 맞춤돌출석쌓기 시공순서

시공순서는 표준적인 것이 있고, 현장조건 등에 따라 크게 변화한다.

▨ 시공순서별 작업내용

1) 기　　초 ················ 굴삭, 바닥부착, 막부순돌기초, 콘크리트기초 등의 기초에 관한 일련의 작업

2) 맞춤돌출석쌓기 ······· 먹줄긋기에서 설치, 줄눈바름까지의 돌쌓기에 관한 모든 작업으로 코어스케나 정확하게 좁아지게 합단을 맞추어 쌓아올리는 작업

① 먹줄긋기 ··········· 시공범위, 물매, 마감높이의 먹줄긋기작업

② 재료운반 ··········· 사용재료의 현장 하역장소 등에서부터 시공현장까지의 운반작업으로 운반거리 20m정도

*③ 석재가공 ··········· 코어스케 또는 정확하게 합단에 맞추기 위해 좁히는 작업

*④ 설　　치 ··········· 코어스케 또는 정확하게 좁은 석재를 쌓아올리는 작업.

⑤ 잔재조각부착 ······ 남은 석재 등의 조각설치작업

⑥ 속넣기 콘크리트 ·· 거푸집해체, 속넣기에 관한 작업 및 속넣기 자갈

⑦ 매　　설 ··········· 속넣기 완료후의 매설작업

⑧ 씻　　기 ··········· 표면에 부착된 콘크리트 등을 제거하는 작업으로 간단한 배수처리를 포함한다.

3) 신축줄눈 ················ 시방서, 특별사항 등에 따라 기초 콘크리트의 신축줄눈에 맞춰서 시공하는 것이다. 이 경우 줄눈넣기 작업

표준도

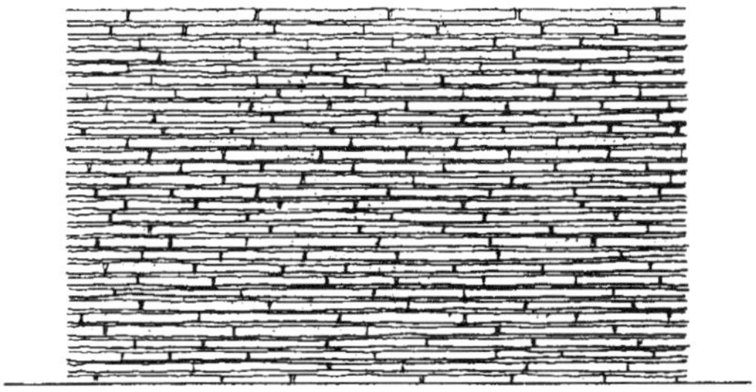

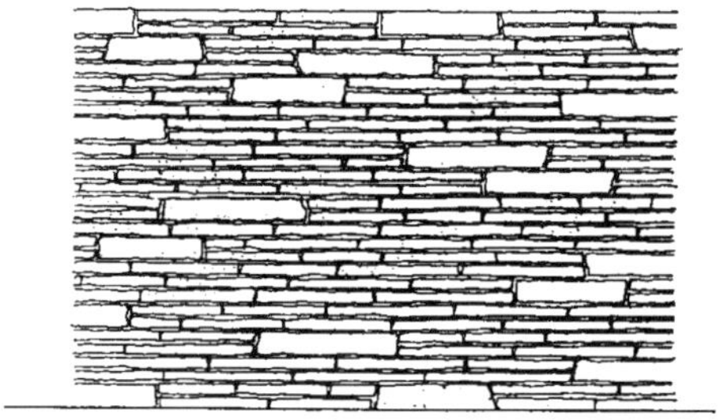

입 면 도

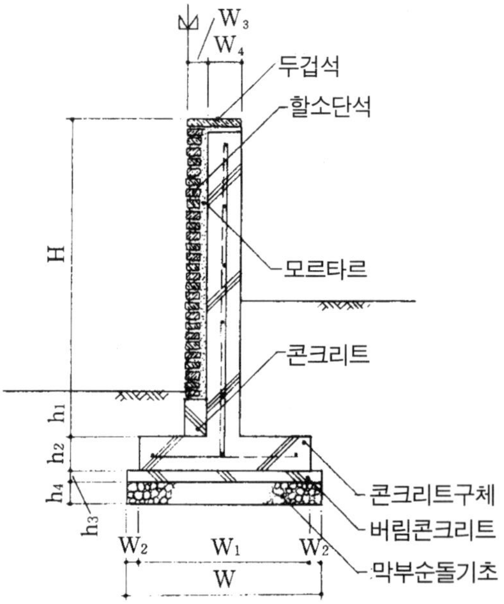

단 면 도

* 알파벳 기호는 주요한 치수를 표시한다.

▨ 시공사례

정의

· 할소단석쌓기는 잡석(조경용)이나 할소단석(조경용)을 사용한 돌쌓기로 돌의 마감이 보이도록 수평으로 쌓아올린 것
· 줄눈은 일반적으로 깊은줄눈마감으로 한다.

설계상의 유의점

· 설계에 있어서는 공통사항 1)~16)를 고려한다.
· 구체의 단면형상은 구조상 문제가 없도록 설계한다.
· 석재의 돌종류, 형상치수를 명확히 기입한다.
· 석재의 원석명과 형상치수를 명확히 기입한다.
· 복수의 돌종류를 혼합하여 사용하는 경우에는 예상되는 혼합비율을 명확히 기입한다.
· 줄눈, 신축줄눈의 시방을 명확히 기입한다.
· 속넣기재, 물빼기관을 설치하는 경우에는 재질, 형상, 피치를 명확히 기입한다.

적산상의 유의점

· 적산에 있어서는 공통사항 1)~4)를 고려한다.
· m당 또는 m^2당 견적으로한다.
· 천단석을 설치하는 경우에는 이것을 고려한다.

시공상의 유의점

· 시공에 있어서는 공통사항 1), 2), 5) ~9)를 고려한다.
· 수평줄눈을 강조할 수 있도록 시공한다.
· 형태치수나 돌종류가 다른 것을 혼합하여 쌓을 경우는 돌의 크고 작은 밸런스나 돌종류의 혼합이 잘 띄도록 시공한다.
· 천단석은 가능하면 두꺼운 것을 사용한다.
· 돌의 표면이 오염되지 않도록 주의하여 시공한다.
· 하루 동안 쌓는 높이에 유의하여 시공한다.
· 신축줄눈, 물빼기관은 가능하면 나란하지 않도록 시공한다.
· 백화현상이 발생되지 않도록 고려한다.

▨ 사용석재

· 할소단석쌓기에 사용하는 할소단석은 다음과 같다.

〈할소단석〉

1) 형태는 돌 가공 현장에서 잘려나온 암석을 편평하고 가로길이의 소단석 쌓기용으로 할가공한 것
2) 치수는 돌종류에 따라 다르다.
3) 품질은 강도, 내구성, 푸석거림 등의 결점이 거의 없는 것

▨ 할소단석쌓기의 시공순서

시공순서는 표준적인 것이 있고, 현장조건 등에 따라 크게 변화한다.

다음에 * 표시가 되어 있는 부분은 시공상 특별히 조경적 배려를 요하는 조경공사에 특징적인 작업내용을 표시했다.

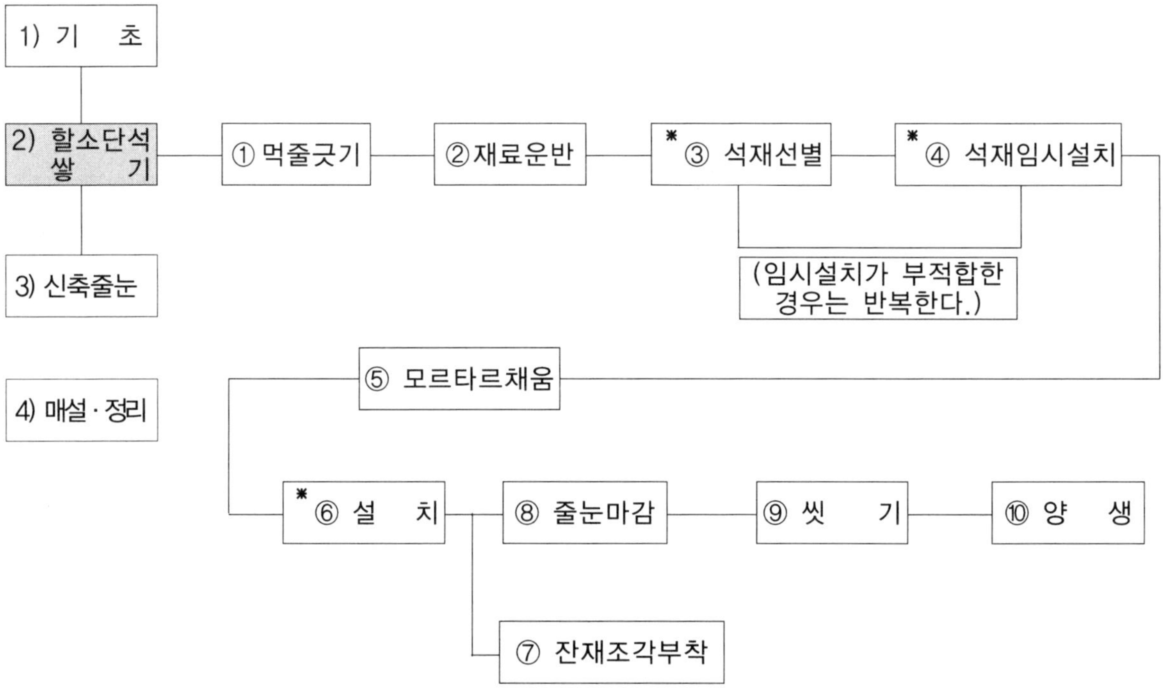

▨ 시공순서별 작업내용

1) 기　　초 ……………… 굴삭, 바닥부착, 막부순돌기초, 콘크리트기초 등의 기초에 관한 일련의 작업

2) 조경할석쌓기 …………먹줄긋기에서부터 붙임, 양생까지의 조경적 배려를 가미하면서 돌쌓기에 관한 전체 작업

① 먹줄긋기 ………… 시공범위, 마감높이의 먹줄긋기작업

② 재료운반 ………… 사용재료의 현장 하역장소 등에서부터 시공현장까지의 운반작업으로 운반거리 20m정도

*③ 석재선별 ………… 설치장소에 적합한 석재선별작업

*④ 석재임시설치 …… 석재의 크고 작은 밸런스 등을 고려하여 높이 및 합단을 맞추기 위한 임시설치작업. 적합하지 않은 경우는 석재선별작업부터 반복한다.

⑤ 모르타르채움 …… 석재를 설치하기 위한 모르타르를 채우는 작업

*⑥ 설　치 …………… 선별한 석재를 설치하는 작업

⑦ 잔재조각부착 …… 단재 등의 조각부착작업

*⑧ 줄눈마감 ………… 줄눈모르타르를 채우고, 솔 또는 줄눈흙손 등으로 마감하는 작업

⑨ 씻　기 …………… 표면에 부착된 콘크리트 등을 제거하는 작업

⑩ 양　생 …………… 차올림방지책 등의 설치 및 시트에 의한 양생작업

3) 신축줄눈………………시방서, 특별사항 등에 따라 기초 콘크리트의 신축줄눈에 맞춰서 시공하는 것이다. 이 경우 줄눈넣기 작업

4) 매설 · 정리 ……………속넣기를 완료한 다음 매설 · 정리에 따른 작업

▨ 표준도

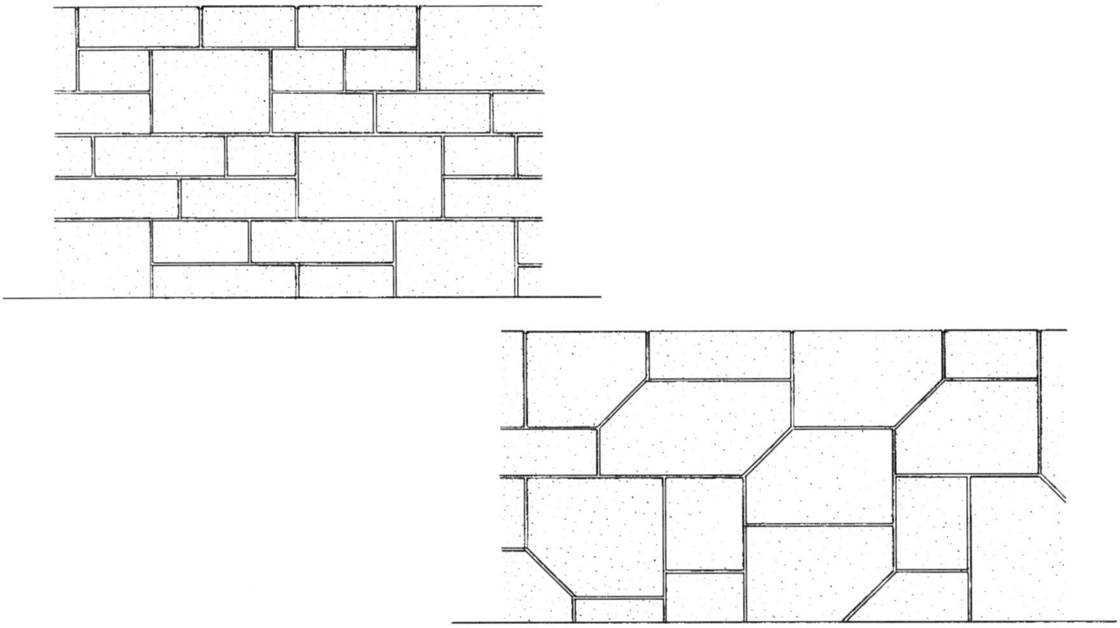

입 면 도

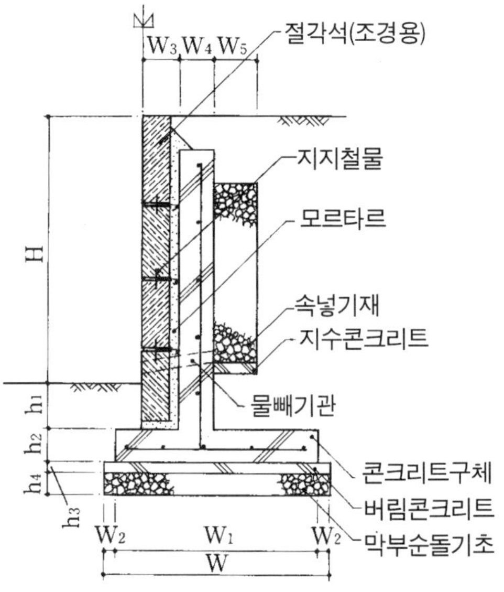

단 면 도

* 알파벳 기호는 주요한 치수를 표시한다.

▨ 시공사례

정의

· 조경절석 쌓기는 절각석(조경용)을 사용한 돌쌓기로 크기가 다른 크고 작은 석재를 조경적 배려를 가미ㅎ하면서 밸런승에 맞게 잘 맞추어 면을 고르게 해서 쌓은 것

설계상의 유의점

· 설계에 있어서는 공통사항 1)~16)를 고려한다.
· 돌쌓기의 단면형상은 시공장소, 시공성, 돌쌓기높이 등을 검토한 후에 결정한다.
· 쌓기모양이 이해할 수 있도록 표현한다.
· 석재의 돌 종류와 형상치수를 명확히 기입한다.
· 돌설치에 따른 지지철물을 사용하는 경우는 예상되는 혼합비율을 명기한다.
· 줄눈, 신축줄눈의 시방을 명확히 기입한다.
· 속넣기재, 물빼기관을 설치하는 경우에는 재질, 형상, 피치를 명확히 기입한다.

적산상의 유의점

· 적산에 있어서는 공통사항 1)~4)를 고려한다.
· m당 또는 m^2당 견적으로한다.
· 지지철물을 사용할 경우는 이것도 견적으로 한다.

시공상의 유의점

· 시공에 있어서는 공통사항 1), 5)~9)를 고려한다.
· 설계의도를 이해하여 석재를 대소 균형을 잘 맞추어 쌓기 모양이 미관적으로 시공한다.
· 돌의 표면을 오염시키지 않도록 주의해서 시공한다.
· 신축줄눈, 물빼기관은 가능하면 나란하지 않도록 시공한다.

▨ 사용석재

· 조경절석쌓기에 사용하는 절각석(조경용) 다음과 같다.

〈절각석(조경용)〉

1) 형태는 폭이 두께의 3배미만이고, 길이를 가진 방형이거나 거기에 가까운 정형으로 절가공된 것
2) 치수는 KS에 준하지만 이것 역시 예외가 허용된다.
3) 품질은 강도, 내구적이고, 균열, 푸석거림 등의 결점이 거의 없는 것

* 비산이나 쇼트브라스트 등 각종 표면마감을 실시하여 사용한다.

▨ 조경절석쌓기의 시공순서

시공순서는 표준적인 것이 있고, 현장조건 등에 따라 크게 변화한다.

다음에 ＊표시가 되어 있는 부분은 시공상 특별히 조경적 배려를 요하는 조경공사에 특징적인 작업내용을 표시했다.

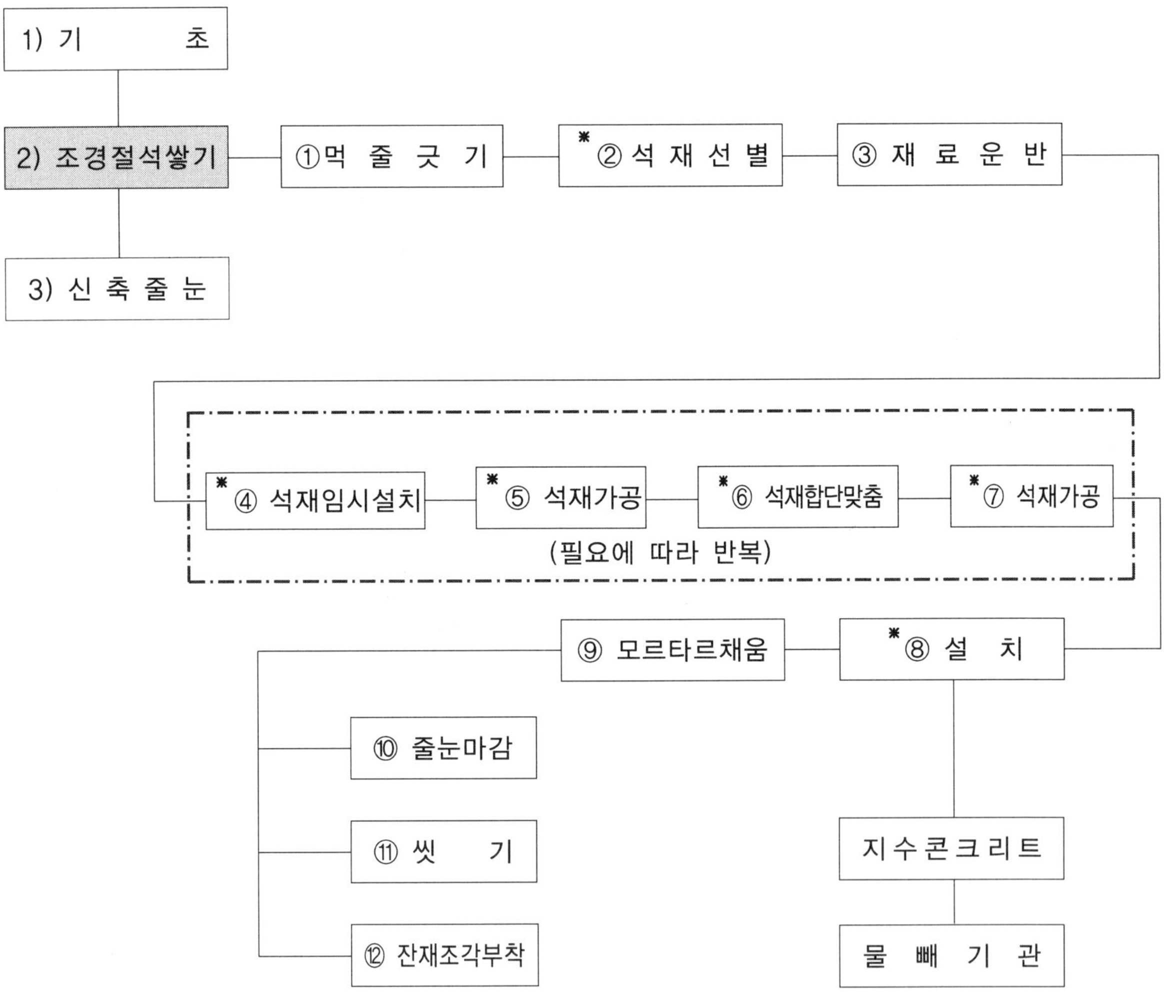

▨ 시공순서별 작업내용

1) 기 초 ………………… 굴삭, 바닥부착, 막부순돌기초, 콘크리트기초 등의 기초에 관한 일련의 작업

2) 조경절석쌓기 ……… 먹줄긋기에서 가공, 설치까지의 조경적 배려를 가미하면서 돌쌓기에 관한 모든 작업.형태 및 합단가공 등을 포함

① 먹줄긋기 ………… 시공범위, 물매, 마감높이의 먹줄긋기작업

*② 석재선별 ………… 조경적 배려(형태, 크기, 색)를 위한 석재선별작업

③ 재료운반 ………… 사용재료의 현장 하역장소 등에서부터 시공현장까지의 운반작업으로 운반거리 20m정도

*④ 석재임시설치 …… 선별한 석재를 임시로 쌓아올려 적합한가, 적합하지 않은가의 판정 및 가공하기 위한 석재먹줄긋기작업

*⑤ 합단가공 ………… 임시 설치된 먹작업에 의해 석재를 비이비커터 등으로 가공하는 작업

*⑥ 석재합단맞춤…… 가공한 석재를 쌓고 합단의 미세한 가공을 위한 먹줄긋기작업.

*⑦ 석재가공 ………… 합단을 매끈하게 맞추기 위한 베이비커터 등으로 가공작업(단, 임시설치의 상황부터 반복하는 경우가 있다)

*⑧ 설 치……………… 최종 가공한 석재의 쌓기작업

⑨ 모르타르채움 …… 석재를 설치하기 위한 모르타르를 채우는 작업

⑩ 줄눈마감 ………… 줄눈 모르타르를 채우고, 브러쉬 또는 줄눈흙손 등으로 마감하는 작업

⑪ 씻 기 ……………… 표면에 부착한 콘크리트 등을 제거하는 작업으로 단단한 배수설치를 포함(공사완료시에 씻기가 발생하는 경우가 있다)

⑫ 잔재조각설치 …… 가공단재 등의 조각부착작업

3) 신축줄눈…………………시방서, 특별사항 등에 따라 기초 콘크리트의 신축줄눈에 맞춰서 시공하는 것이다. 이 경우 줄눈넣기 작업

▨ 표준도

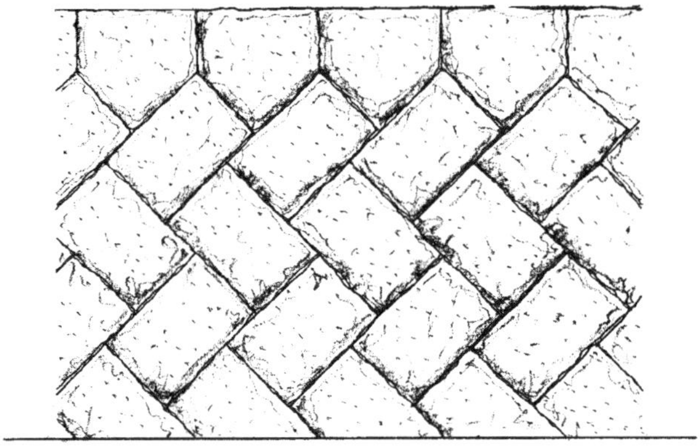

입 면 도

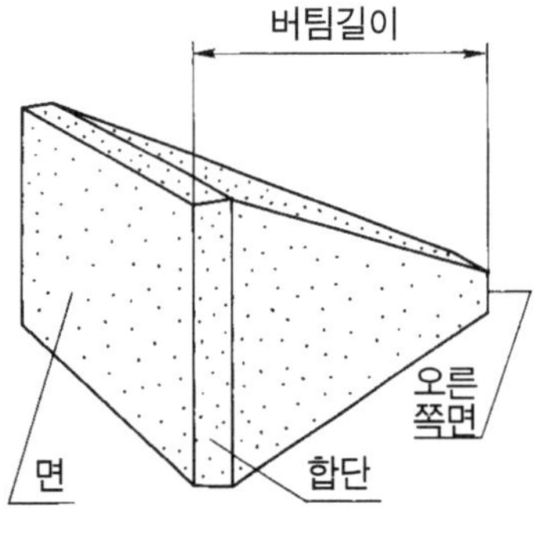

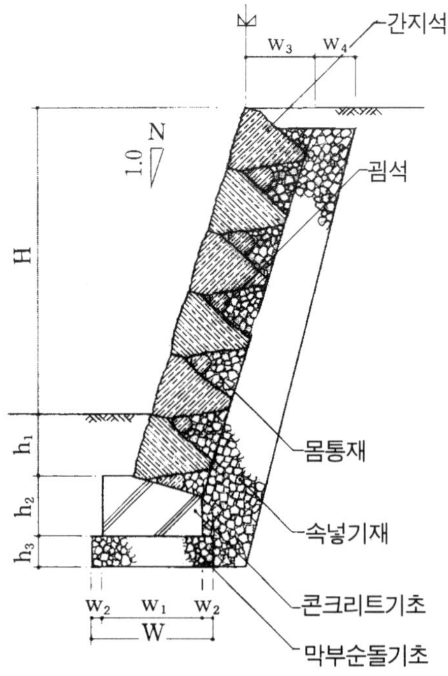

단 면 도

* 알파벳 기호는 주요한 치수를 표시한다.

▨ 시공사례

정의

· 간지석쌓기는 간지석을 사용한 돌쌓기로 원칙적으로는 빈쌓기하여 용적쌓기로 한다.
· 합단은 코야스케 또는 현저하게 좁은 틈사이를 잘 고려한 다음 몸통, 반사, 추사 등을 실시하여 투수층 재료에 따라 속넣기를 한다.
· 줄눈은 10mm이하로 하고 빈줄눈으로 한다.

설계상의 유의점

· 설계에 있어서는 공통사항 1)~7), 10)~14)를 고려한다.
· 돌쌓기의 단면형상은 관공서에서 정하는 표준도에 준한다.

적산상의 유의점

· 적산에 있어서는 공통사항 1)~4)를 고려한다.
· 관공서에서 정하는 적산기준으로 한다.

시공상의 유의점

· 시공에 있어서는 공통사항 1)을 고려한다.
· 합단은 형장가공을 실시하여 시공한다.

▨ 사용석재

· 간지석쌓기에 사용하는 간지석은 다음과 같다.

〈간지석〉

1) 형태는 면이 원칙적으로는 거의 정방형에 가깝고, 버팀은 사방으로 떨어지고 면에 직각인 것이 원칙이고, 버팀길이는 면의 최소한의 1.5배 이상인 것
2) 치수는 다음과 같다.

종 류	버팀길이(cm)	표면적(cm^2)
35간격	35이상	620이상
45간격	45이상	900이상
50간격	50이상	1,220이상
60간격	60이상	1,660이상

3) 품질은 치수가 부정확, 휨, 균열, 얼룩, 삭음, 흠, 패임 등의 결점이 1~3등으로 구분

▨ 간지석쌓기 시공순서

시공순서는 표준적인 것이 있고, 현장조건 등에 따라 크게 변화한다.

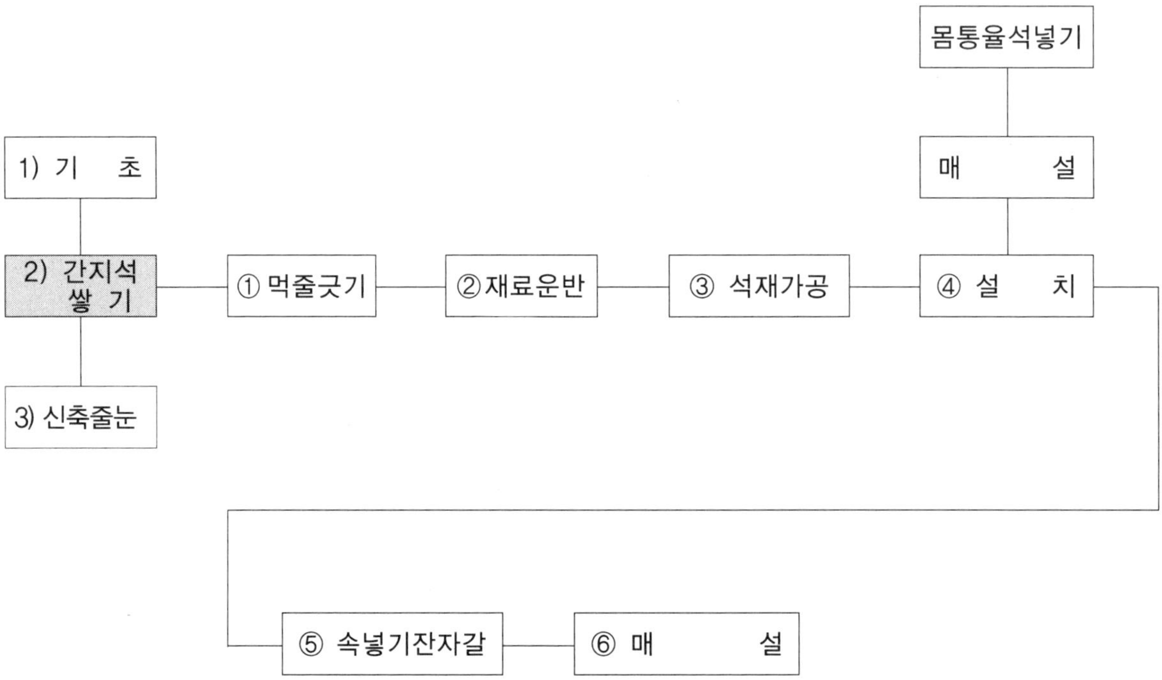

▨ 시공순서별 작업내용

1) 기　초 ··· 굴삭, 바닥부착, 막부순돌기초, 콘크리트기초 등의 기초에 관한 일련의 작업

2) 간지석쌓기 ··· 먹줄긋기에서 가공, 설치, 돌쌓기에 관한 모든 작업으로 현저히 좁은 곳에서 합단에 맞춰 쌓아올리는 작업. 원칙적으로는 용적쌓기

① 먹줄긋기 ··· 시공범위, 물매, 마감높이의 먹줄긋기작업

② 재료운반 ··· 사용재료의 현장 하역장소 등에서부터 시공현장까지의 운반작업으로 운반거리 20m정도

③ 석재가공 ··· 능수능란하게 하여 합단을 맞추기 위한 작업

④ 설치 ··· 현저하게 좁은 곳에 간지석을 쌓는 작업.

⑤ 속넣기잔자갈 ··· 빼기거푸집 및 속쌓기에 관한 작업

⑥ 매　　설 ··· 속쌓기를 완료한 다음 매설하는 작업

3) 신축줄눈 ··· 시방서, 특별사항 등에 따라 기초 콘크리트의 신축줄눈에 맞춰서 시공하는 것이다. 이 경우 줄눈넣기 작업

▨ 표준도

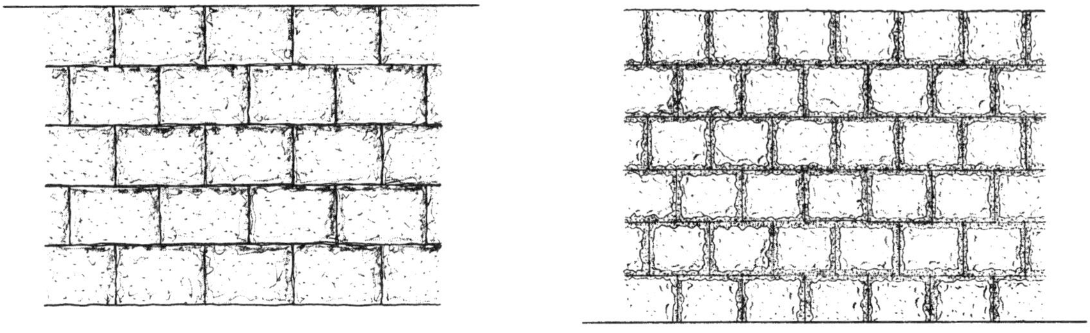

입 면 도

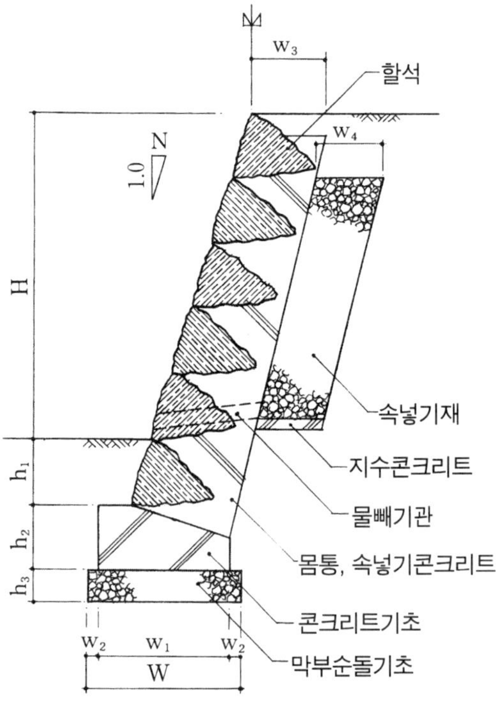

단 면 도

* 알파벳 기호는 주요한 치수를 표시한다.

▨ 시공사례

정의

· 할석쌓기는 할석을 사용한 돌쌓기로서 원칙적으로는 연쌓기로 한다.
· 합단은 능숙하게 제거하고 , 마감질 폭은 규정이 없다..
· 줄눈폭은 10mm이하로 하고 일반적으로 빈줄눈으로 한다.

설계상의 유의점

· 설계에 있어서는 공통사항 1)~7), 10)~16)을 고려한다.
· 돌쌓기의 단면형상은 관공서에서 정하는 표준도에 준한다.
· 쌓기 모양은 이해가 될 수 있도록 표현한다.

적산상의 유의점

· 적산에 있어서는 공통사항 1)~4)를 고려한다.
· 관공서에서 정하는 적산기준으로 한다.

시공상의 유의점

· 시공에 있어서는 공통사항 1), 6~9)를 고려한다.
· 합단은 현장가공을 실시하여 시공한다.

▨ 사용석재

· 할석쌓기에 사용하는 잡할석은 다음과 같다.

〈할　　석〉

1) 형태는 면이 거의 정방형에 가깝고, 각 능변 및 대각선의 길이는 버팀길이의 약 3분의 2로 한다.

2) 치수는 다음과 같다.

종 류	버팀길이(cm)	표면적(cm^2)
30할석	30이상	620이상
35할석	35이상	900이상
40할석	40이상	1,220이상

3) 품질은 강도, 내구성으로 치수의 부정확, 휨, 균열, 얼룩, 삭음, 흠, 패임이 거의 없는 것으로 1~3 등급으로 구분

▨ 할석쌓기 시공순서

시공순서는 표준적인 것이 있고, 현장조건 등에 따라 크게 변화한다.

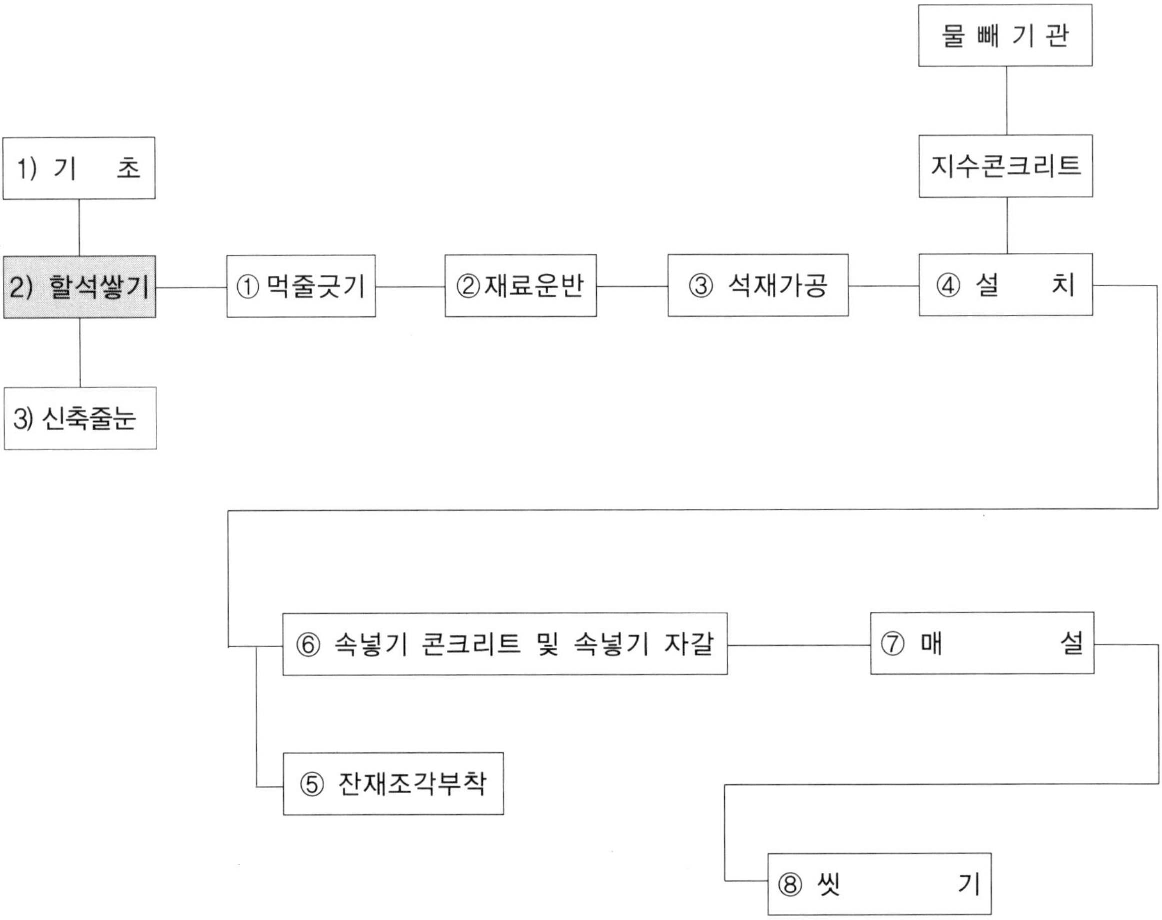

▨ 시공순서별 작업내용

1) 기　초 ················· 굴삭, 바닥부착, 막부순돌기초, 콘크리트기초 등의 기초에 관한 일련의 작업

2) 할석쌓기 ················· 먹줄긋기에서 가공, 설치까지 등의 돌쌓기에 관한 전반의 작업으로 제거해 합단에 맞춰서 쌓아가는 작업

- ① 먹줄긋기 ··········· 시공범위, 물매, 마감높이의 먹줄긋기작업
- ② 재료운반 ··········· 사용재료의 현장 하역장소 등에서부터 시공현장까지의 운반작업으로 운반거리 20m정도
- ③ 석재가공 ··········· 능숙하게 하여 합단에 맞추기 위한 제거작업
- ④ 설　치 ············ 능숙하게 제거한 할석을 쌓는 작업잡할석을 쌓는 작업
- ⑤ 잔재조각부착 ······ 가공단재 등의 조각부착작업
- ⑥ 속넣기 콘크리트 ·· 거푸집해체, 속넣기에 관한 작업 및 속넣기 자갈
- ⑦ 매　설 ············· 속넣기 완료 후에 매설하는 작업
- ⑧ 씻　기 ············· 표면에 부착된 콘크리트, 모르타르 등을 제거하는 작업으로 간단한 배수처리를 포함한다.

3) 신축줄눈 ················· 시방서, 특별사항 등에 따라 기초 콘크리트의 신축줄눈에 맞춰서 시공하는 것이다. 이 경우 줄눈넣기 작업

▨ 표준도

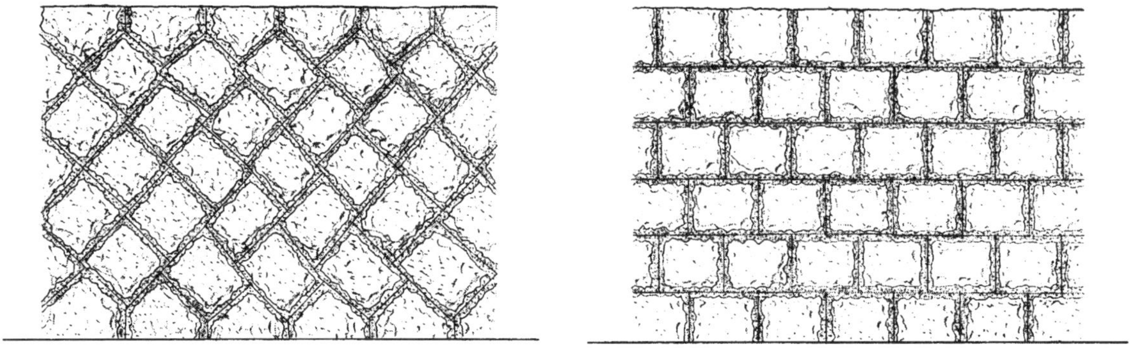

입 면 도

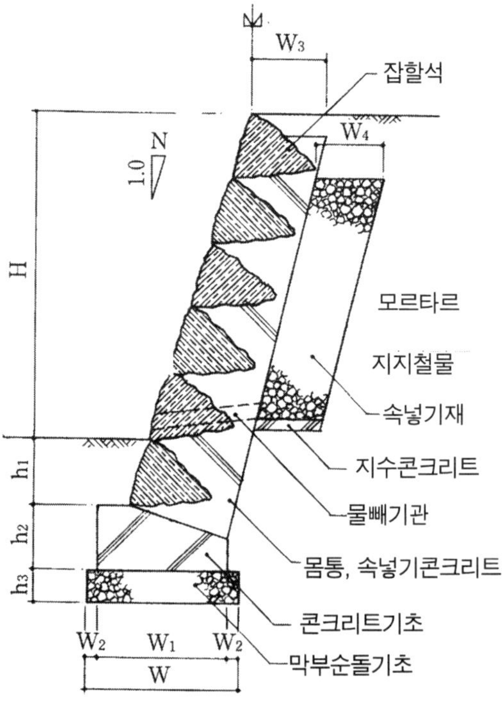

단 면 도

* 알파벳 기호는 주요한 치수를 표시한다.

▨ 시공사례

정의

· 잡할석쌓기는 잡할석을 사용한 돌쌓기로 원칙적으로 연쌓기로 한다.
· 합단은 능숙하게 오돌토돌한 것을 제거하고, 마감질 폭은 필요하지 않다.
· 줄눈은 모르타르로 해서 줄눈바름을 실시하도록 한다.

설계상의 유의점

· 설계에 있어서는 공통사항 1)~7), 10)~16)을 고려한다.
· 돌쌓기의 단면형상은 관공서에서 정하는 표준도에 준한다.
· 쌓기 모양은 이해가 될 수 있도록 표현한다.

적산상의 유의점

· 적산에 있어서는 공통사항 1)~4)를 고려한다.
· 관공서에서 정하는 적산기준으로 한다.

시공상의 유의점

· 시공에 있어서는 공통사항 1), 6~9)를 고려한다.
· 합단은 현장가공하여 시공한다.

▨ 사용석재

· 잡할석쌓기에 사용하는 잡할석은 다음과 같다.

〈잡 할 석〉

1) 형태는 면이 거의 정방형에 가깝고, 각 능변 및 대각선의 길이는 버팀길이의 약 3분의 2로 한다.

2) 치수는 다음과 같다.

종 류	버팀길이(cm)
30잡할석	30이상
35잡할석	35이상
40잡할석	40이상
45잡할석	45이상
50잡할석	50이상
55잡할석	55이상

3) 품질은 강도, 내구성으로 치수의 부정확, 휨, 균열, 얼룩, 삭음, 흠, 패임이 거의 없는 것

▨ 잡할석쌓기 시공순서

시공순서는 표준적인 것이 있고, 현장조건 등에 따라 크게 변화한다.

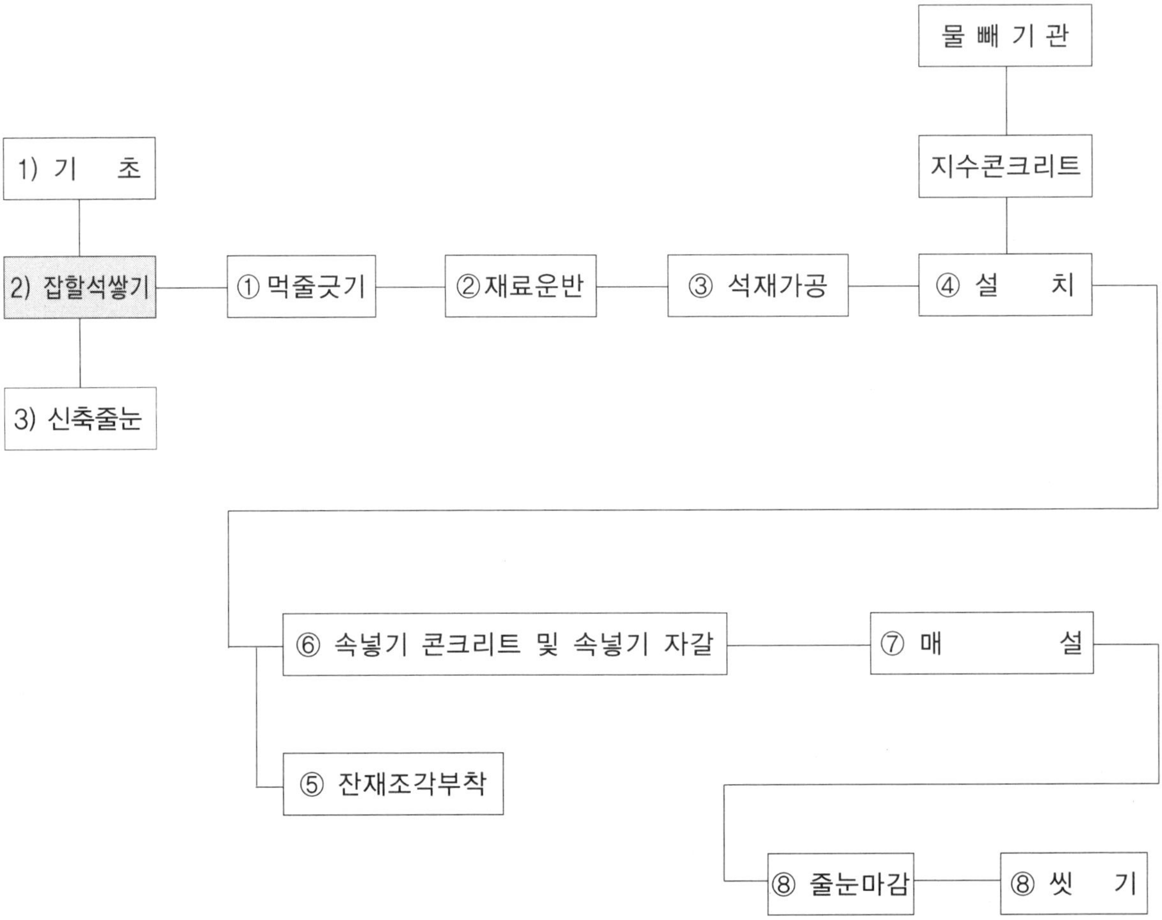

▨ 시공순서별 작업내용

1) 기　　초 ………………… 굴삭, 바닥부착, 막부순돌기초, 콘크리트기초 등의 기초에 관한 일련의 작업

2) 잡할석쌓기……………… 먹줄긋기에서 가공, 설치까지 등의 돌쌓기에 관한 전반의 작업으로서 능숙하게 오돌토돌한 부분을 제거해 합단에 맞춰서 쌓아가는 작업

① 먹줄긋기 ………… 시공범위, 물매, 마감높이의 먹줄긋기작업

② 재료운반 ………… 사용재료의 현장 하역장소 등에서부터 시공현장까지의 운반작업으로 운반거리 20m정도

③ 석재가공 ………… 능숙하게 하여 합단에 맞추기 위한 제거작업

④ 설　　치 ………… 능숙하게 제거한 잡할석을 쌓는 작업

⑤ 잔재조각부착 …… 가공단재 등의 조각부착작업

⑥ 속넣기 콘크리트 ‥ 거푸집해체, 속넣기에 관한 작업 및 속넣기 자갈

⑦ 매　　설 ………… 속넣기 완료 후에 매설하는 작업

⑧ 줄눈마감 ………… 합단에 모르타르를 발라넣는 작업

⑨ 씻　　기 ………… 표면에 부착된 콘크리트, 모르타르 등을 제거하는 작업으로 간단한 배수처리를 포함한다.

3) 신축줄눈……………………시방서, 특별사항 등에 따라 기초 콘크리트의 신축줄눈에 맞춰서 시공하는 것이다. 이 경우 줄눈넣기 작업

▨ 표준도

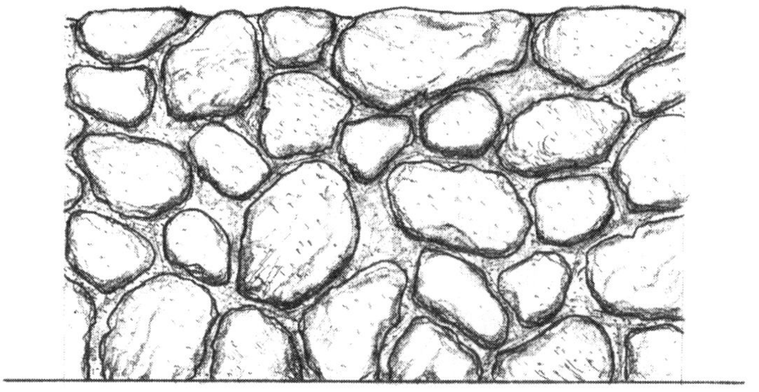

입 면 도

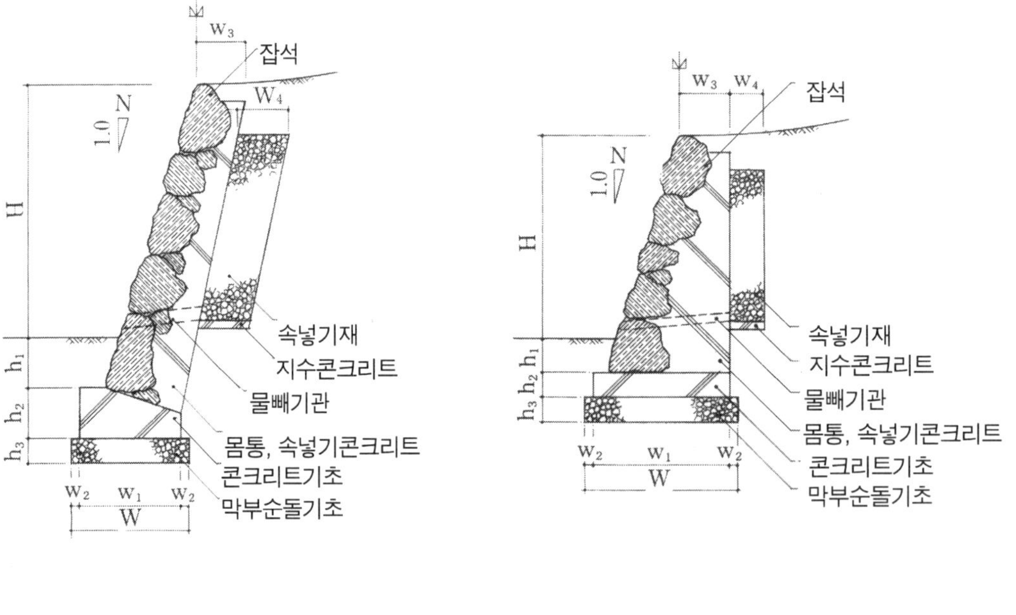

단 면 도

* 알파벳 기호는 주요한 치수를 표시한다.

▨ 시공사례

▨ 정의

· 잡석쌓기는 형태나 규격에 일정하지 않는 잡석을 사용한 돌쌓기로써 돌을 선별하지 않고 원칙적으로는 합단가공을 하지 않고 막쌓기로 한 것
· 줄눈은 모르타르로 줄눈바름을 실시하도록 한다.

▨ 설계상의 유의점

· 설계에 있어서는 공통사항 1)~6), 14)~16)을 고려한다.
· 돌쌓기의 단면형상은 관공서에서 정하는 표준도에 준한다.

▨ 적산상의 유의점

· 적산에 있어서는 공통사항 1)~4)를 고려한다.
· 관공서에서 정하는 적산기준으로 한다.

▨ 시공상의 유의점

· 시공에 있어서는 공통사항 1), 6)~9)을 고려한다.
· 돌의 표면이 오염되지 않도록 주의하여 시공한다.

▨ 사용석재

· 잡석쌓기에 사용하는 잡석은 다음과 같다.

〈잡석〉

1) 형태는 지극히 편평하지 않는 것
2) 치수는 버팀길이 25~55cm인 범위로 규정
3) 품질은 강도, 내구적이고 균열, 얼룩, 푸석거림 등의 결점이 거의 없는 것

▨ 잡석쌓기 시공순서

시공순서는 표준적인 것이 있고, 현장조건 등에 따라 크게 변화한다.

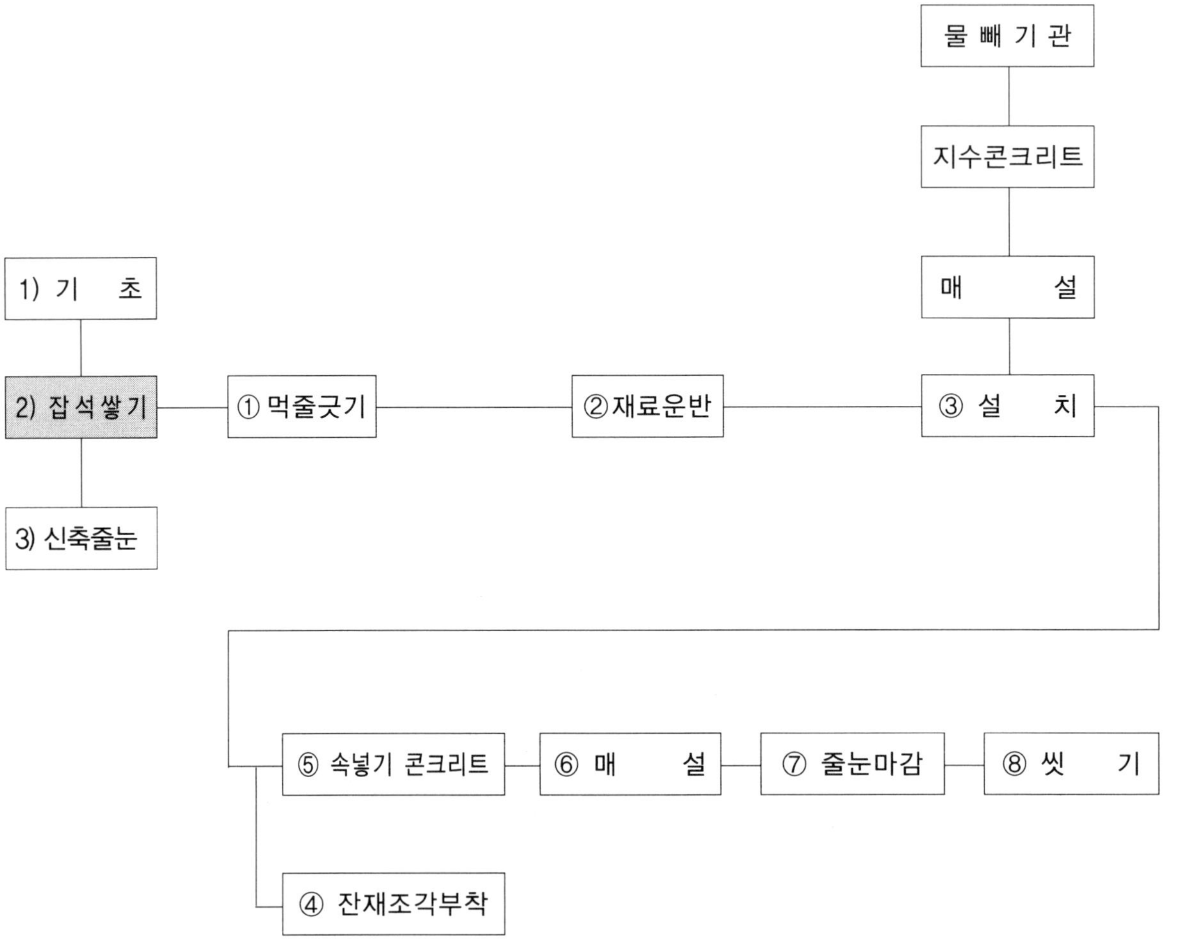

▨ 시공순서별 작업내용

1) 기　　초 ··············· 굴삭, 바닥부착, 막부순돌기초, 콘크리트기초 등의 기초에 관한 일련의 작업

2) 잡석쌓기 ··················· 먹줄긋기에서 가공, 설치, 돌쌓기에 관한 모든 작업으로 원칙적으로합단가공을 하지 않고 쌓아올리는 작업, 원칙적인 것은 막쌓기

① 먹줄긋기 ··········· 시공범위, 물매, 마감높이의 먹줄긋기작업

② 재료운반 ··········· 사용재료의 현장 하역장소 등에서부터 시공현장까지의 운반작업으로 운반거리 20m정도

③ 설　　치 ··········· 크고 작은 잡석을 맞추어 가면서 쌓는 작업

④ 잔재조각부착 ······ 잔재 등의 조각부착작업

⑤ 속넣기콘크리트 ·· 빼기거푸집 및 속쌓기에 관한 작업 및 속넣기 잡석

⑥ 매　　설 ··········· 속넣기를 완료한 다음 매설하는 작업

⑦ 줄눈마감 ··········· 합단에 모르타르치기 작업

⑧ 씻　　기 ··········· 표면에 부착한 콘크리트, 모르타르를 제거하는 작업으로 간단한 배수처리를 포함

3) 신축줄눈 ··················· 시방서, 특별사항 등에 따라 기초 콘크리트의 신축줄눈에 맞춰서 시공하는 것이다. 이 경우의 줄눈넣기 작업

▨ 표준도

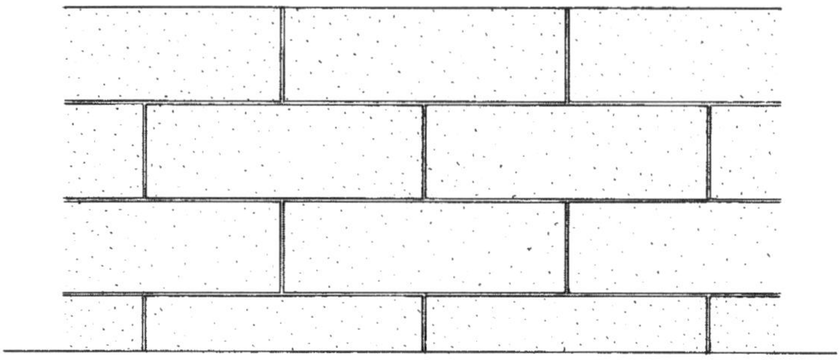

입 면 도

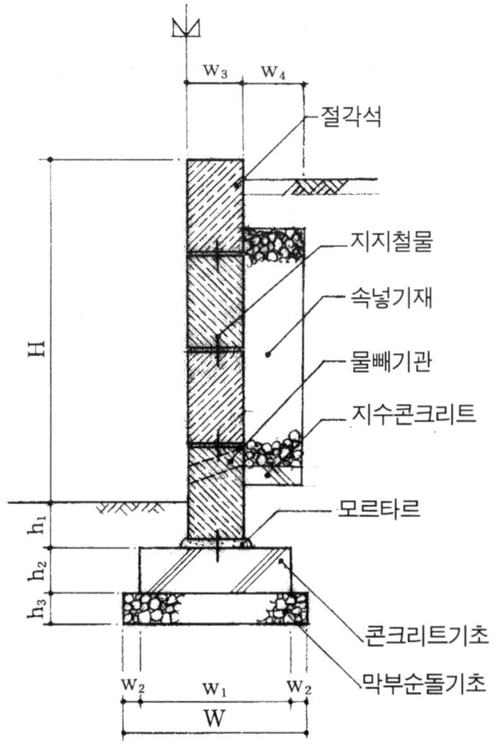

단 면 도

* 알파벳 기호는 주요한 치수를 표시한다.

▨ 시공사례

▨ 정의

· 절석쌓기는 대용석 등의 형태나 규격이 일정한 절각석을 사용한 돌쌓기

▨ 설계상의 유의점

· 설계에 있어서는 공통사항 1)~7), 10)~16)을 고려한다.
· 돌쌓기의 단면형상은 관공서에서 정하는 표준도에 준한다.
· 내진기준에 따라 높이규제나 버팀벽의 설치규정이 있으므로 유의한다.
· 돌의 설치에 지지철물을 사용하는 경우에 그 시방서를 명기한다.

▨ 적산상의 유의점

· 적산에 있어서는 공통사항 1)~4)를 고려한다.
· 관공서에서 정하는 적산기준으로 한다.
· 지지철물을 사용할 경우는 이것도 견적으로 한다.

▨ 시공상의 유의점

· 시공에 있어서는 공통사항 1), 6)~9)를 고려한다.
· 돌의 표면이 오염되지 않도록 유의해서 시공한다.

▨ 사용석재

· 절석쌓기에 사용하는 절석은 다음과 같다.

〈절　　석〉

1) 형태는 폭이 두께의 3배미만으로 있는 길이를 가진 것

2) 치수는 다음과 같다.

종 류	두께(cm)		폭(cm)
12의 15	12	15	91,100,150
15의 18	15	18	
15의 21	15	21	
15의 24	15	24	
15의 30	15	30	
18의 30	18	30	

3) 품질은 치수의 부정확, 깎음, 균열, 얼룩, 얼룩, 푸석거림, 흠집 패임 등의 결점의 합이 1~3등급으로 구분

*비산이나 숏블러스트 등 각종 표면마감을 사용한다.

▨ 절석쌓기 시공순서

시공순서는 표준적인 것이 있고, 현장조건 등에 따라 크게 변화한다.

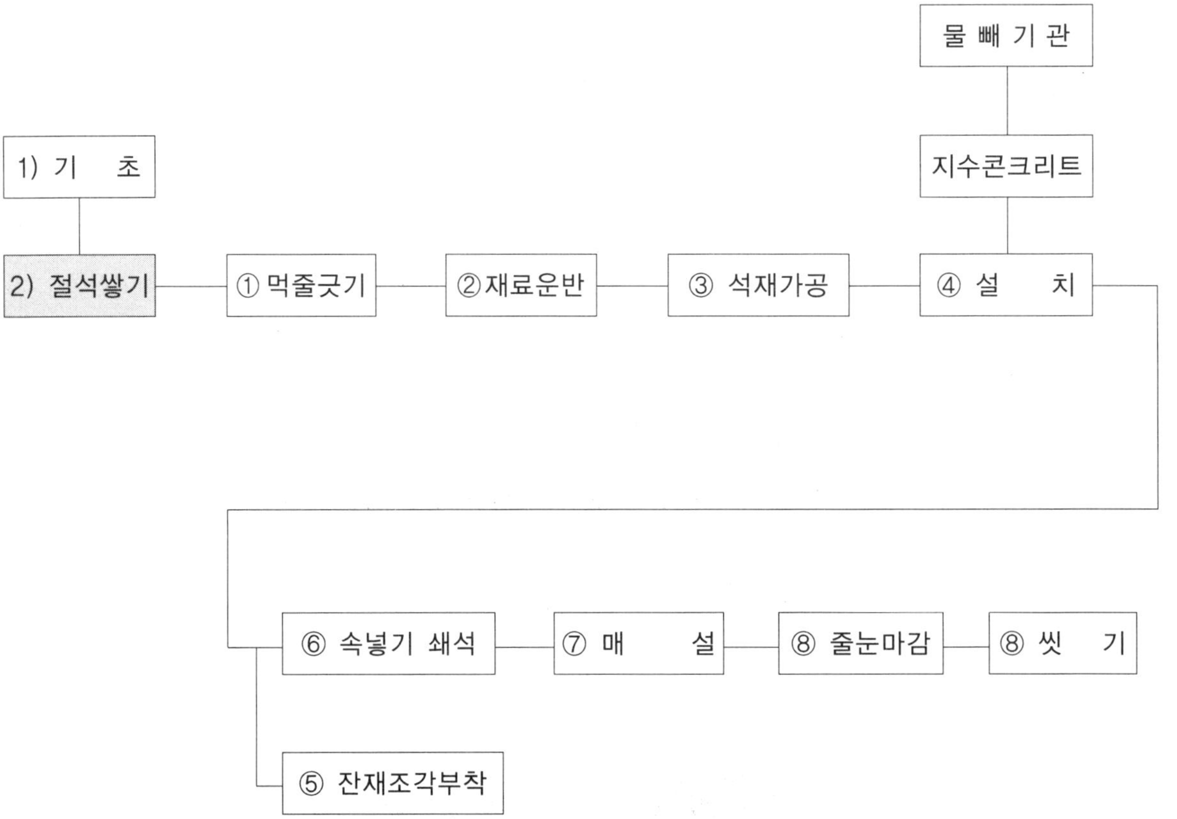

▨ 시공순서별 작업내용

1) 기 초 ……………… 굴삭, 바닥부착, 막부순돌기초, 콘크리트기초 등의 기초에 관한 일련의 작업

2) 절석쌓기 ……………… 먹줄긋기에서 가공, 설치 줄눈바름까지의 돌쌓기에 관한 전체 작업으로 양쪽날에 합단가공시켜 쌓는 작업

① 먹줄긋기 ………… 시공범위, 물매, 마감높이의 먹줄긋기작업

② 재료운반 ………… 사용재료의 현장 하역장소 등에서부터 시공현장까지의 운반작업으로 운반거리 20m정도

③ 석재가공 ………… 양쪽날로 합단을 가공시키기 위해 깎는 작업

④ 설 치 ………… 양쪽날로 합단을 가공한 석재를 설치하는 작업

⑤ 잔재조각부착 …… 가공합재 등의 조각부착작업

⑥ 속넣기 쇄석 ……… 속넣기에 관한 작업

⑦ 매 설 ………… 속넣기 완료후의 매설작업

⑧ 줄눈마감 ………… 합단에 모르타르를 바르는 작업

⑨ 씻 기 ………… 표면에 부착된 콘크리트, 모르타르 등을 취합 제거하는 작업으로 간단한 배수처리를 포함한다.

▨ 표준도

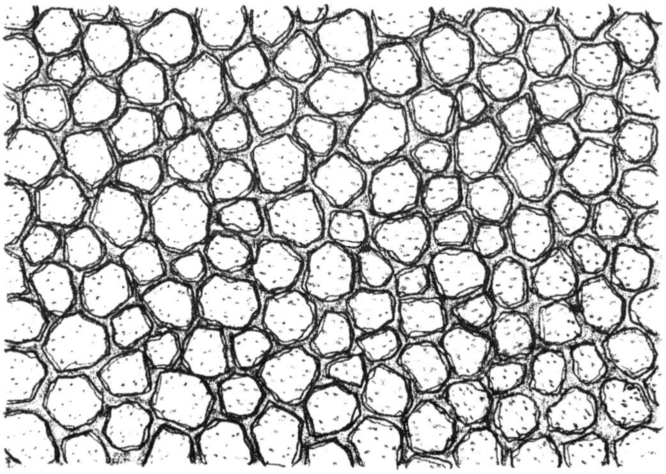

평 면 도

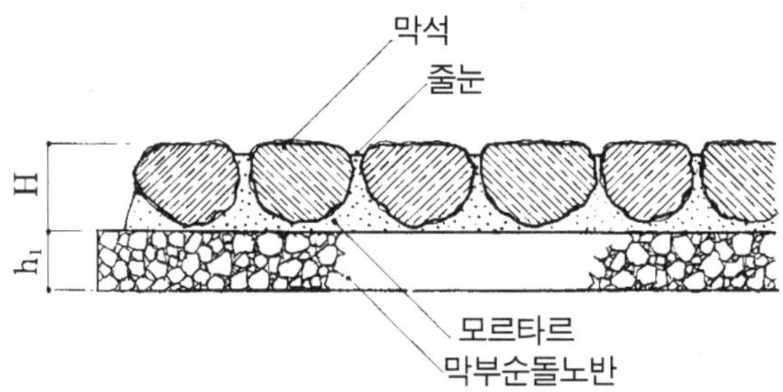

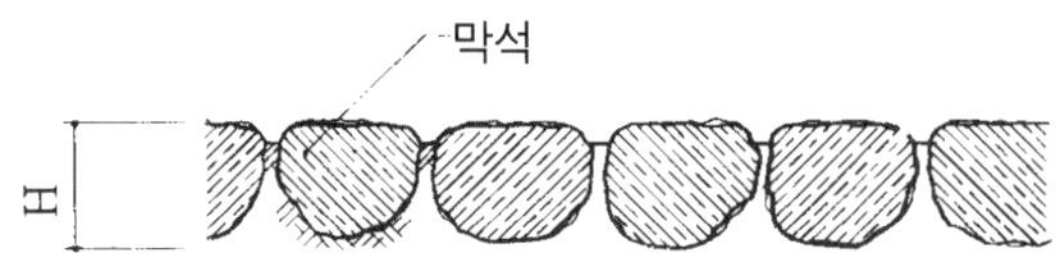

단 면 도

＊ 콘크리트 기초를 설치하는 경우도 있다.
＊ 알파벳 기호는 주요한 치수를 표시한다.

▨ 시공사례

정의

· 막돌붙임은 막돌을 사용한 돌붙임으로 전체적으로 표면이 평평하게 되도록 조경적 배려를 가미하면서 면을 맞추면서 붙이는 것
· 일반적으로 줄눈은 깊은줄눈으로 한다.

설계상의 유의점

· 설계에 있어서는 공통사항 1)~15), 17)을 고려한다.
· 포장단면은 지내력 및 상재하중을 고려하여 결정한다.
· 붙임모양이 이해될 수 있도록 평면도를 부착한다.
· 붙이는 치수는 돌의 두께를 고려하여 결정한다.
· 석재의 원석명, 형태치수를 명확히 기입한다.
· 형태치수의 기술은 막돌이 치수적으로 폭이 있는 것을 고려하여 평균지름 ○ ~ ○cm라는 표현을 한다.
· 줄눈, 신축줄눈의 시방서를 명기하고 줄눈폭이 일정하지 않다는 것을 고려한다.

적산상의 유의점

· 적산에 있어서는 공통사항 1)~4)를 고려한다.
· m^2당 견적으로 한다.

시공상의 유의점

· 시공에 있어서는 공통사항 1), 4)~6)을 고려한다.
· 붙임모양은 미관상 아름답게 보이도록 배려한다.
· 표면이 평평하게 되도록 배려하고, 물구배를 고려한다.
· 단부의 고정에 유의한다.
· 돌의 표면이 오염되지 않도록 주의하여 시공한다.
· 시공후의 양생에 유의한다.

▨ 사용석재

· 막돌붙임에 사용하는 막돌은 다음과 같다.

〈막돌〉

1) 형태는 자연그대로이고 비교적 평평한 면을 가진 것 또는 평평하지 않은 것
2) 치수는 대략 5~25cm 정도의 것으로 일반적으로는 5~15cm인 것이 사용된다.
3) 품질은 쪼개짐, 균열 등의 인위적인 결점이 거의 없는 것

▨ 막돌붙임 시공순서

시공순서는 표준적인 것이 있고, 현장조건 등에 따라 크게 변화된다.

다음 표에 ＊표시로 표현된 부분은 시공상 특별히 조경적 배려를 요하는 조경공사에 특징적인 작업내용을 표시한다.

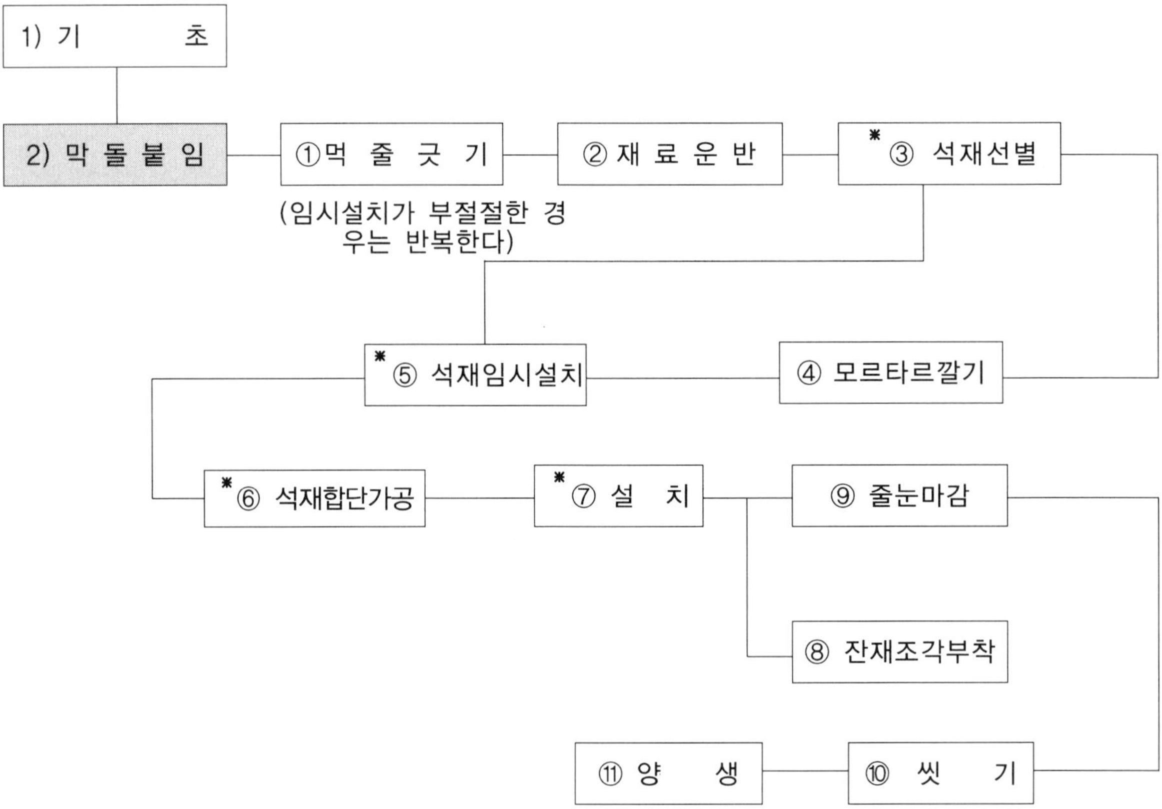

▨ 시공순서별 작업내용

1) 기　　초 ··············· 굴삭, 바닥부착, 막부순돌노반, 막부순돌기초, 콘크리트기초 등의 기초에 관한 일련의 작업

2) 막돌붙임 ················· 먹줄긋기에서 설치, 줄눈바름까지의 돌붙임에 관한 모든 작업

① 먹줄긋기 ··········· 시공범위, 물매, 마감높이의 먹줄긋기작업

② 재료운반 ············ 사용재료의 현장 하역장소 등에서부터 시공현장까지의 운반작업으로 운반거리 20m정도

*③ 석재선별 ··········· 붙임모양을 고려하고 그 장소에 적합한 석재를 선별하는 작업

④ 모르타르깔기 ····· 균일모르타르깔기작업

*⑤ 석재임시설치 ····· 선별된 석재를 임시설치하여 아무림이 잘 되었는지를 판단하는 작업. 자연석이므로 아물림이 나쁜 경우, 각도, 석재선별부터 반복한다.

*⑥ 합단가공 ············ 외관면의 줄눈폭을 맞추기 위해 숨은 줄눈부분에 가공을 실시하는 작업

*⑦ 설　　치 ············ 석재의 대소를 조합하여 평평한 면의 모양을 고려하고 설치하는 작업. 특히 자연석으로 가공을 가하지 가하지 않고 평평한 면을 골라서 하는 것이라서 재료선별 · 석재가치 · 석재임시설치 · 설치에 있어서 많은 잔손질을 요하는 작업

⑧ 잔재조각부착 ····· 자연석으로 조합했기 때문에 사용 수량 이상으로 예비수량을 반입하여 두고, 작업완료후 남은 석재를 조각부착하는 작업

⑨ 줄눈마감 ··········· 줄눈채움 작업으로 모르타르 치장줄눈 또는 모래줄눈으로 구분된다.

⑩ 씻　　기 ············ 표면에 부착한 모르타르 등을 제거하는 작업으로 간단한 배수처리등을 포함한다.

⑪ 양　　생 ············ 설치된 자연석제거와 오염을 방지하기 위한 시트 등에 의한 양생

▨ 표준도

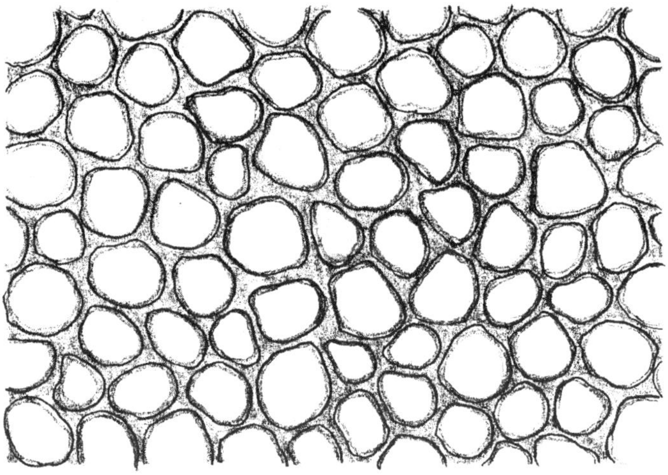

평 면 도

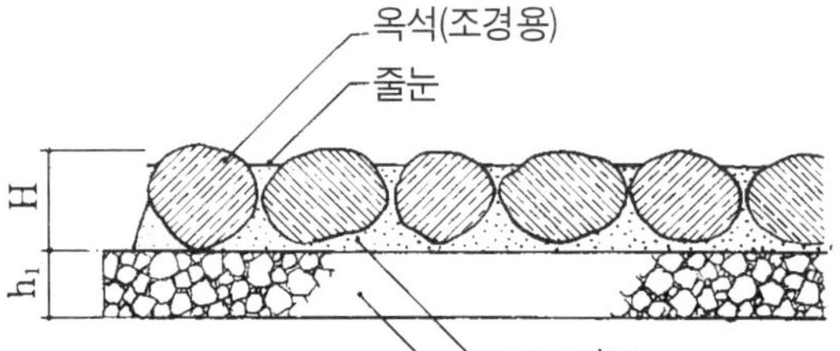

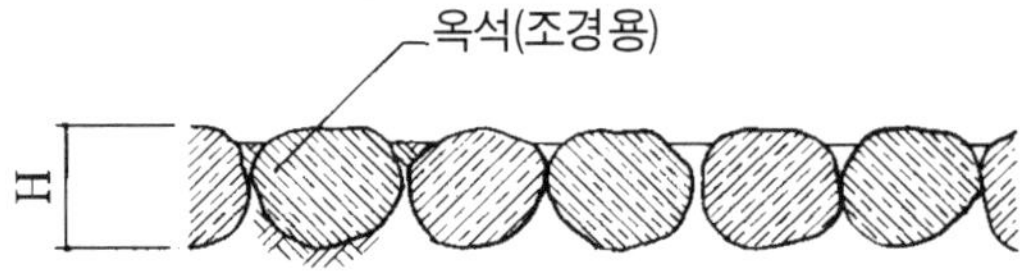

단 면 도

＊ 알파벳 기호는 주요한 치수를 표시한다.

▨ 시공사례

정의

· 옥석붙임 옥석(조경용)을 사용한 돌붙임으로 전체적으로 표면이 평평하게 되도록 붙이는 것
· 각이 취하고 있는 둥근 돌을 사용하기 때문에 줄눈폭은 넓어지게 된다.

설계상의 유의점

· 설계에 있어서는 공통사항 1)~15), 17)을 고려한다.
· 포장단면은 지내력 및 상재하중을 고려하여 결정한다.
· 붙임모양이 이해될 수 있도록 평면도를 부착한다.
· 석재의 입수가 가능한지 확인한다.
· 붙이는 치수는 돌의 두께를 고려하여 결정한다.
· 석재의 형태치수는 안팎을 표시한다.
· 줄눈, 신축줄눈의 시방을 명기하고, 줄눈폭이 일정하도록 고려한다.

적산상의 유의점

· 적산에 있어서는 공통사항 *1)~4)를 고려한다.
· m^2당 견적으로 한다.

시공상의 유의점

· 시공에 있어서는 공통사항 1), 4)~6)을 고려한다.
· 붙임모양은 미관상 아름답게 보이도록 배려한다.
· 표면이 평평하게 되도록 배려하고, 물구배를 고려한다.
· 단부고정에 유의한다.
· 돌의 표면이 오염되지 않도록 주의하여 시공한다.
· 줄눈은 가능한한 얇은 줄눈마감이 되도록 시공한다.
· 시공후의 양생에 유의한다.

▨ 사용석재

· 옥석붙임에 사용하는 옥석은 다음과 같다.

〈옥석(조경용)〉

1) 형태는 각이 마모되어 둥글어져 형태가 대략 계란형으로 지극히 편평하거나 가늘고 길지 않은 것
2) 치수는 대략 15~30cm정도의 것으로 일반적으로 15~20cm의 것이 사용된다.
3) 품질은 쪼개짐, 균열 등의 결점이 없는 것

▨ 옥석붙임 시공순서

시공순서는 표준적인 것이 있고, 현장조건 등에 따라 크게 변화된다.

다음 표에 *표시로 표현된 부분은 시공상 특별히 조경적 배려를 요하는 조경공사에 특징적인 작업내용을 표시한다.

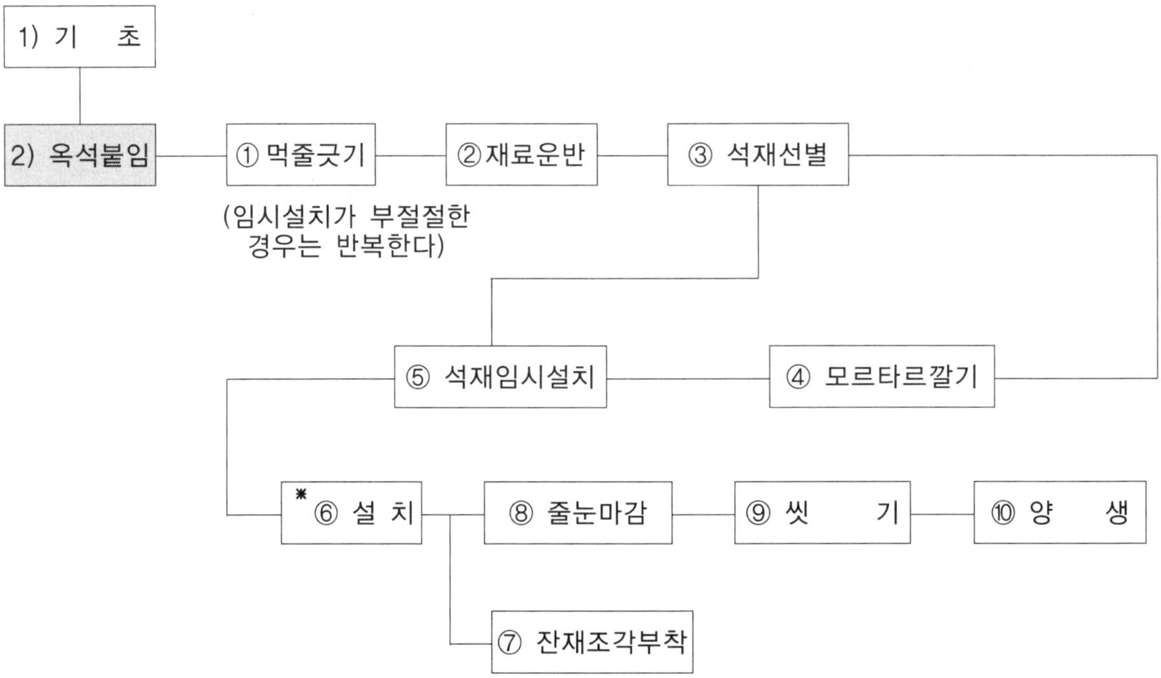

▨ 시공순서별 작업내용

1) 기　　초 ……………… 굴삭, 바닥부착, 막부순돌노반, 콘크리트기초 등의 기초에 관한 일련의 작업

2) 옥석붙임 ……………… 먹줄긋기에서 붙임, 양생까지의 돌붙임에 관한 모든 작업

① 먹줄긋기 ………… 시공범위, 물매, 마감높이의 먹줄긋기작업

② 재료운반 ………… 사용재료의 현장 하역장소 등에서부터 시공현장까지의 운반작업으로 운반거리 20m정도

*③ 석재선별 ………… 붙임모양을 고려하고 그 장소에 적합한 석재를 선별하는 작업

④ 모르타르깔기 …… 균일모르타르깔기작업

*⑤ 석재임시설치 …… 선별된 석재를 임시설치하여 아무림이 잘 되었는지를 판단하는 작업. 자연석이므로 아물림이 나쁜 경우, 각도, 석재선별부터 반복한다.

*⑥ 설　　치 ………… 석재의 대소를 조합하여 평평한 면의 모양을 고려하고 설치하는 작업. 특히 옥석으로 가공을 가하지 않고 평평한 면을 골라서 하는 것이라서 재료선별 · 석재임시설치 · 설치에 있어서 많은 잔손질을 요하는 작업

⑦ 잔재조각부착 …… 자연석 조합이기 때문에 사용 수량 이상으로 예비수량을 반입하여 두고, 작업완료후 남은 석재를 조각부착하는 작업

⑧ 줄눈마감 ………… 줄눈채움 작업으로 모르타르 치장줄눈 또는 모래줄눈으로 구분된다.

⑨ 씻　　기 ………… 표면에 부착한 모르타르 등을 제거하는 작업으로 간단한 배수처리등을 포함한다.

⑩ 양　　생 ………… 설치된 자연석제거와 오염을 방지하기 위한 시트 등에 의한 양생

▨ 표준도

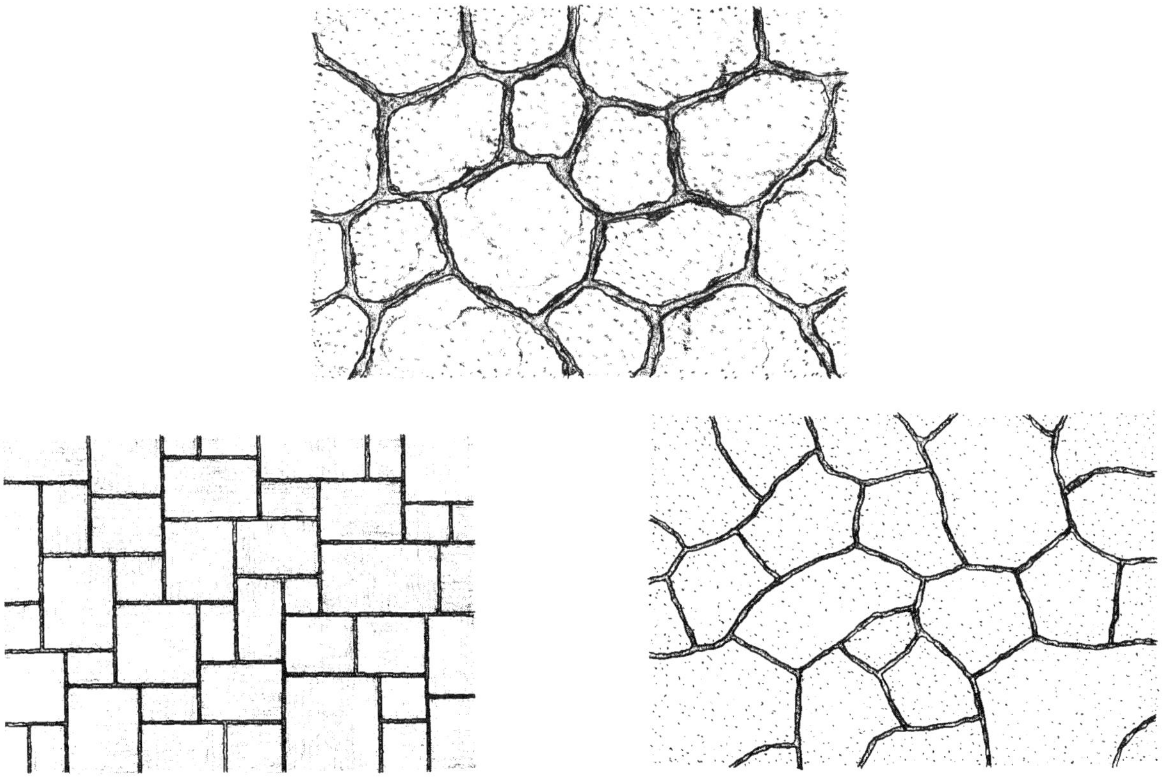

평 면 도

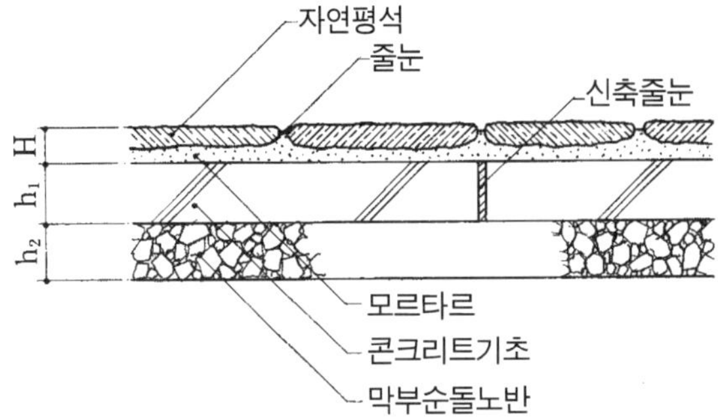

단 면 도

* 알파벳 기호는 주요한 치수를 표시한다.

▨ 시공사례

정의

· 조경자연평석붙임은 크기가 다른 자연평석을 조경적 배려를 가미하면서 표면을 편평하게 되도록 맞춰가며 붙이는 것이므로 합단을 가공하면서 붙이는 방법과 합단가공을 하지 않고 조합하면서 붙이는 방법이 있다.

설계상의 유의점

· 설계에 있어서는 공통사항 1)~4), 7)~15), 17)을 고려한다.
· 포장단면은 지내력 및 상재하중을 고려하여 결정한다.
· 붙임모양이 이해될 수 있도록 평면도를 부착한다.
· 붙이는 치수는 돌의 두께를 고려하여 결정한다.
· 석재의 원석명, 형태치수를 명확히 기입한다.
· 형태치수의 기술은 자연평석이 치수적으로 폭이 있는 것을 감안하여 평균지름 ○~○cm라는 표현을 한다.
· 형태치수가 다른 석재를 혼합하여 사용하는 경우는 미리 예상되는 혼합비율을 명기한다.
· 줄눈, 신축줄눈의 시방서를 명기한다.

적산상의 유의점

· 적산에 있어서는 공통사항 1)~4)를 고려한다.
· m^2당 견적으로 한다.

시공상의 유의점

· 시공에 있어서는 공통사항 1), 5), 6)을 고려한다.
· 돌을 대소로 혼합하여 시공하는 경우는 밸런스가 잘 맞도록 작은 돌을 많아지지 않도록 배려한다.
· 표면이 평평하게 되도록 배려하고, 물구배를 고려한다.
· 돌의 표면이 오염되지 않도록 주의하여 시공한다.

▨ 사용석재

· 자연평석붙임에 사용하는 자연평석은 다음과 같다.

〈자연평석〉

1) 형태는 자연그대로인 것이므로 비교적 편평한 것
2) 치수는 돌 종류에 따라 다르다.
3) 품질은 강도, 내구성으로 푸석거림 등의 결점이 거의 없는 것

자연평석붙임 시공순서

합단가공의 유무에 따라 2줄 시공순서가 있다.

시공순서는 표준적인 것이 있고, 현장조건 등에 따라 크게 변화한다.

다음 표에 *표시로 표현된 부분은 시공상 특별히 조경적 배려를 요하는 조경공사에 특징적인 작업내용을 표시한다.

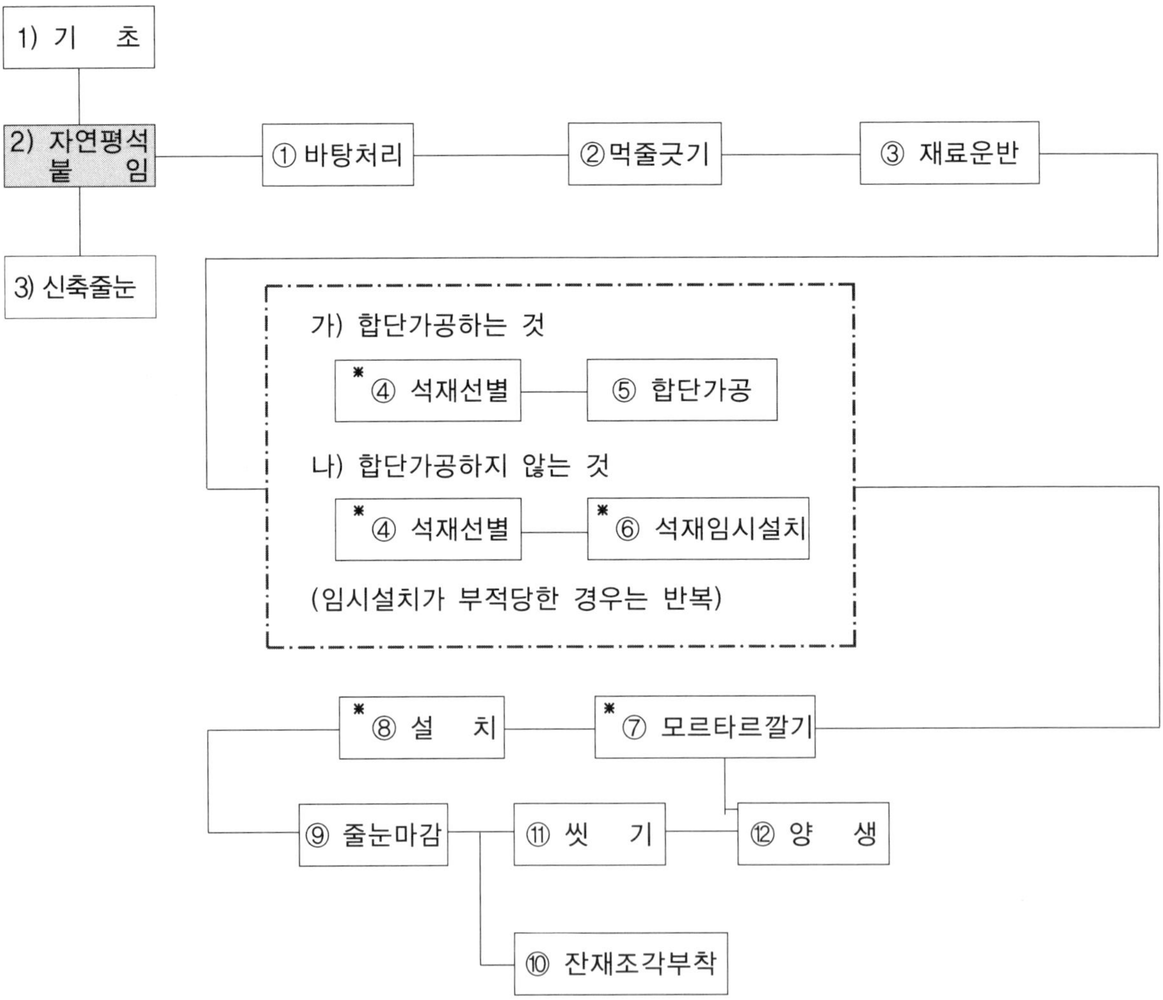

▨ 시공순서별 작업내용

1) 기　　초 ················ 굴삭, 바닥부착, 막부순돌노반, 콘크리트기초 등의 기초에 관한 일련의 작업

2) 자연평석붙임 ·········· 먹줄긋기에서 붙임, 양생까지의 돌붙임에 관한 모든 작업

① 바탕처리 ············ 콘크리트기초면의 바탕처리작업

② 먹줄긋기 ············ 시공범위, 마감높이의 먹줄긋기작업

③ 재료운반 ············ 사용재료의 현장 하역장소 등에서부터 시공현장까지의 운반작업으로 운반거리 20m정도

*④ 석재선별 ············ 붙임모양을 고려하고 그 장소에 적합한 석재를 선별하는 작업

⑤ 합단가공 ············ 합단을 깔끔하게 맞추기 위한 가공작업

*⑥ 석재임시설치 ······ 선별된 석재를 임시설치하고 아무림이 좋은가를 판단하는 작업. 자연이기 때문에 아무림이 나쁠 경우,각도, 석재선별부터 반복한다.

⑦ 모르타르깔기 ······ 균일모르타르깔기작업

*⑧ 설　　치 ············ 선별한 평석을 물실 등을 사용하여 평평하게 붙여가는 작업

⑨ 줄눈마감 ············ 줄눈 모르타르채움, 브러시 또는 줄눈 흙손 등으로 마감하는 작업

⑩ 잔재조각부착 ······ 자연석의 조합이기 때문에 사용 수량 이상으로 예비수량을 반입하여 두고, 작업완료후 남은 석재를 조각부착하는 작업

⑪ 씻　　기 ············ 표면에 부착한 모르타르 등을 제거하는 작업으로 간단한 배수처리등을 포함한다.

⑫ 양　　생 ············ 사람이 딛고 다녀서 뜬석 · 탈착 등이 발생하지 않도록 방호처리를 실시하는 작업

3)신축줄눈 ·················· 시공면적이 큰 경우, 특기 등에 따라 기초 콘크리트의 신축줄눈에 맞춰서 시공하는 경우가 있다. 이 경우 줄눈넣는 작업

▨ 표준도

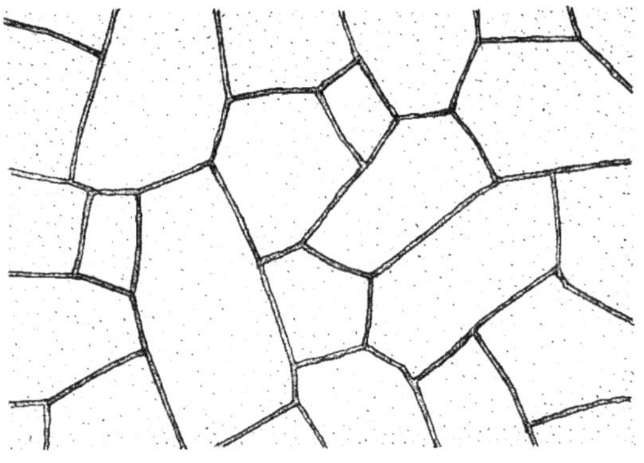

[막붙임]

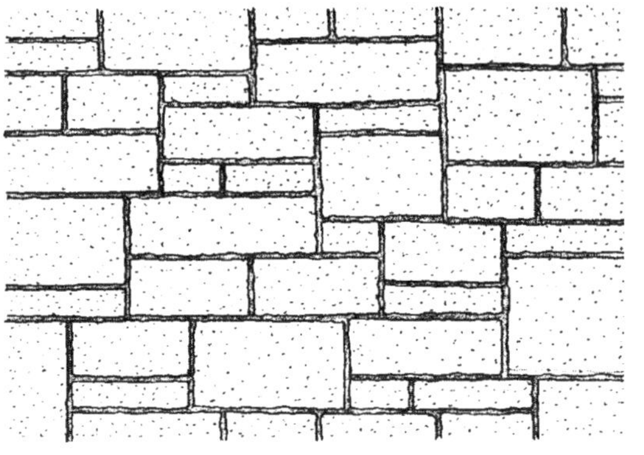

[방형붙임]

평 면 도

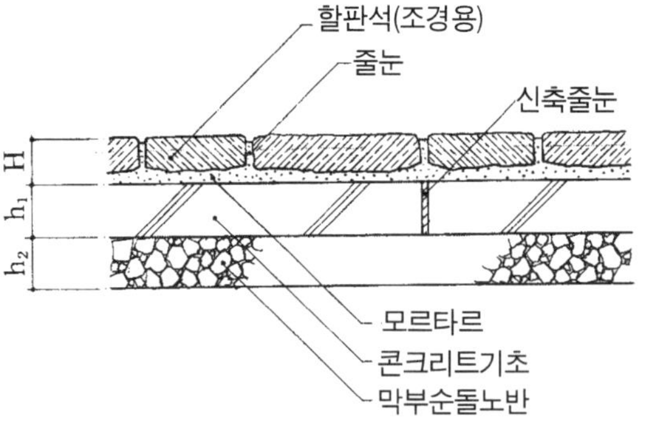

단 면 도

* 알파벳 기호는 주요한 치수를 표시한다.

시공사례

정의

· 조경할판석붙임은 할판석(조경용)을 사용한 돌붙임으로 크기가 다른 석재를 합단가공하고, 조경적 배려를 가미하면서 붙이는 것
· 표면이 편평하기 때문에 표면가공을 하는 경우가 있다.

설계상의 유의점

· 설계에 있어서는 공통사항 1)~4), 7~15), 17)을 고려한다.
· 포장단면은 지내력 및 상재하중을 고려하여 결정한다.
· 붙임모양이 이해될 수 있도록 평면도를 부착한다.
· 붙임치수는 석재의 두께를 고려하여 결정한다.
· 석재의 원석명과 형태치수를 명기한다.
· 형태치수가 다른 석재를 혼합하여 사용하는 경우에 예상되는 혼합비율을 명기한다.
· 재료가 약간 일그러지거나 뒤틀리거나 ㅁㅁ이 있는 것을 고려한다.
· 줄눈, 신축줄눈의 시방을 명기하고, 줄눈폭이 일정하지 않다는 것을 고려한다.

적산상의 유의점

· 적산에 있어서는 공통사항 1)~4)를 고려한다.
· m^2당 견적으로 한다.

시공상의 유의점

· 시공에 있어서는 공통사항 1), 5), 6)을 고려한다.
· 붙임모양은 미관상 아름답게 보이도록 배려한다.
· 돌을 크고 작게 혼합하여 시공하는 경우는 밸런스가 잘 어울리도록 조합하고, 작은 돌이 많아지지 않도록 배려한다.
· 표면이 평평하게 되도록 배려하고, 물구배를 고려한다.
· 돌의 표면이 오염되지 않도록 주의하여 시공한다.

▨ 사용석재

· 조경할판석 붙임에 사용하는 할판석(조경용)은 다음과 같다.

〈할판석(조경용)〉

1) 형태는 폭이 두께의 3배이상이고 정형 또는 막형으로 외관면을 분할가공한 것
2) 치수는 정형인 것은 법규정에 준하지만 그 이외도 허용한다.
3) 품질은 강도, 내구적이고, 균열, 푸석거림 등의 결점이 거의 없는 것으로 하거나 표면이 약간 일그러짐, 뒤틀림, 凹凸은 확인한 것으로 한다.

▨ 조경할판석붙임 시공순서

시공순서는 표준적인 것이 있고, 현장조건 등에 따라 크게 변화한다.

다음 표에 *표시로 표현된 부분은 시공상 특별히 조경적 배려를 요하는 조경공사에 특징적인 작업내용을 표시한다.

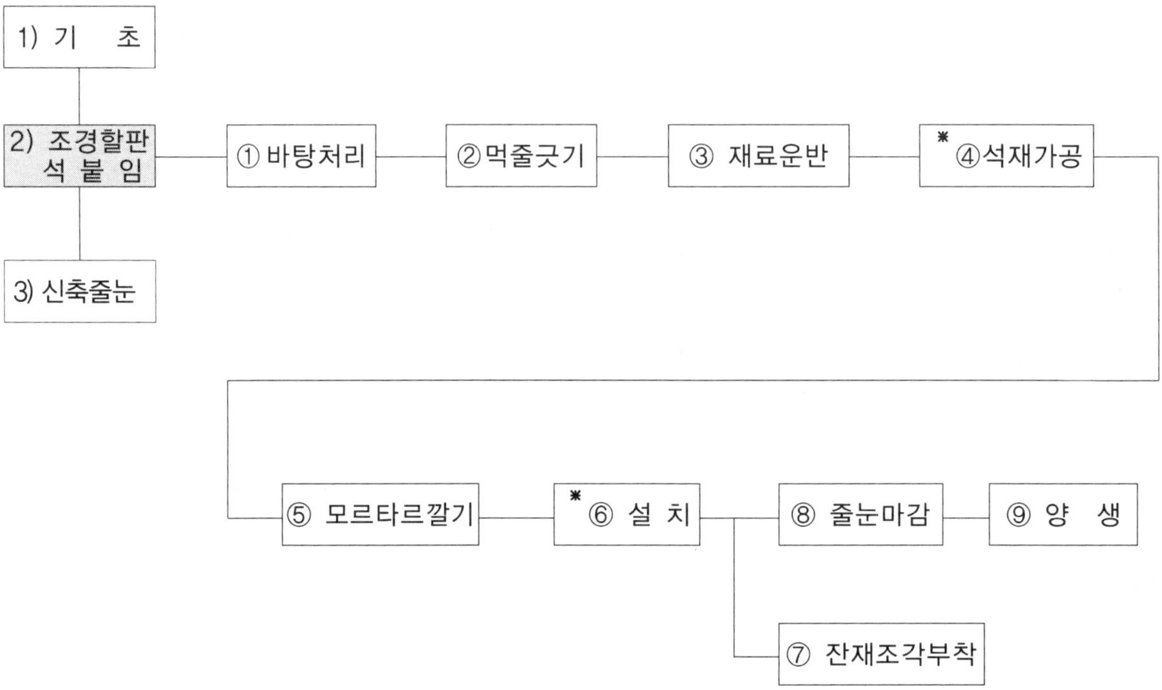

▨ 시공순서별 작업내용

1) 기　　초 ··············· 굴삭, 바닥부착, 막부순돌노반, 콘크리트기초 등의 기초에 관한 일련의 작업

2) 조경할판석붙임 ······· 먹줄긋기에서 붙임, 양생까지의 돌붙임에 관한 모든 작업
- ① 바탕처리 ············ 콘크리트기초면의 바탕처리작업
- ② 먹줄긋기 ············ 시공범위, 마감높이의 먹줄긋기작업
- ③ 재료운반 ············ 사용재료의 현장 하역장소 등에서부터 시공현장까지의 운반작업으로 운반거리 20m정도
- *④ 석재가공 ············ 석재가공은 원칙적으로 공장의 가공이 많지만 줄눈합단이나 높이의 조절을 코야스케, 노미 등에 따라 가공을 실시하는 작업
- ⑤ 모르타르깔기 ······ 균일모르타르깔기작업
- *⑥ 설　　치 ············ 가공한 판석을 물실, 수준기 등을 사용하여 평평하게 붙여가는 작업
- ⑦ 잔재조각부착 ······ 가공단재 등의 조각부착작업
- ⑧ 줄눈마감 ············ 줄눈 모르타르채움, 브러시 또는 줄눈 흙손 등으로 마감하는 작업
- ⑨ 양　　생 ············ 사람이 딛고 다녀서 뜬석 · 탈착 등이 발생하지 않도록 방호처리를 실시하는 작업

3)신축줄눈 ················· 시공면적이 큰 경우, 특기 등에 따라 기초 콘크리트의 신축줄눈에 맞춰서 시공하는 경우가 있다. 이 경우 줄눈넣는 작업

▨ 표준도

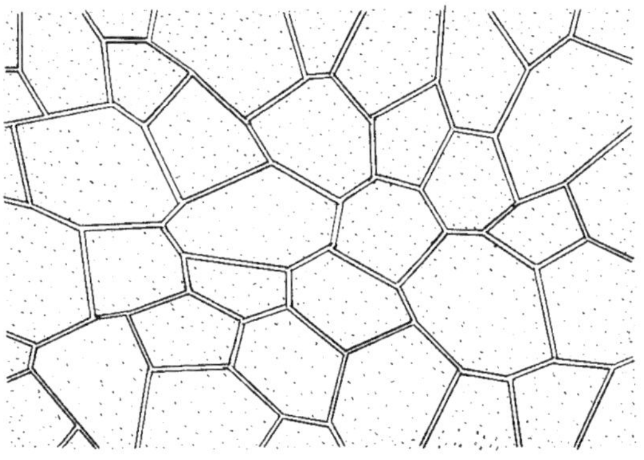

[막붙임]

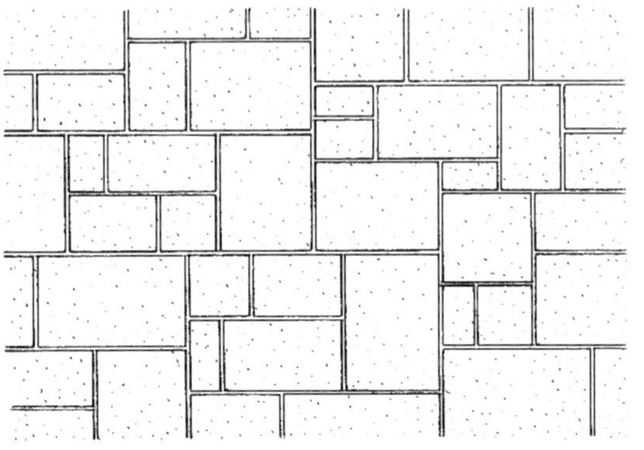

[방사형붙임]

평 면 도

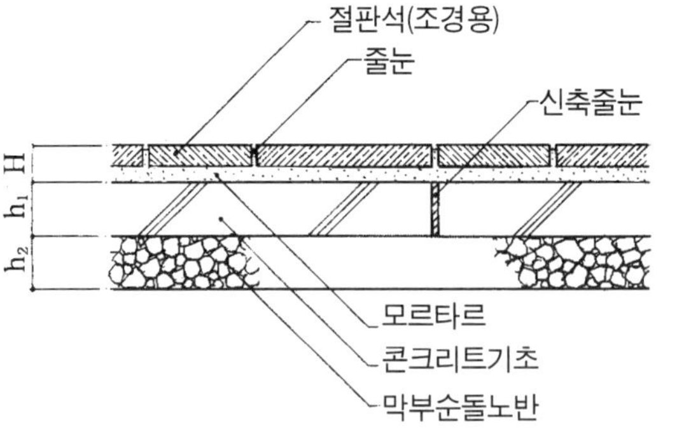

단 면 도

＊ 알파벳 기호는 주요한 치수를 표시한다.

▨ 시공사례

정의

· 조경절판석붙임은 절판석(조경용)을 사용한 돌붙임으로 정형화된 것과 부정형화된 석재를 조경적 배려를 가미하면서 붙이는 것
· 표면이 편평하기 때문에 표면가공을 하는 경우가 있다.

설계상의 유의점

· 설계에 있어서는 공통사항 1)~4), 7~15), 17)을 고려한다.
· 포장단면은 지내력 및 상재하중을 고려하여 결정한다.
· 붙임모양이 이해될 수 있도록 평면도를 부착한다.
· 석재의 돌종류와 형태치수를 명기한다.
· 형태치수가 다른 석재를 혼합하여 사용하는 경우에 예상되는 혼합비율을 명기한다.
· 석재의 표면마감을 명기한다.
· 줄눈, 신축줄눈의 시방을 명기한다.

적산상의 유의점

· 적산에 있어서는 공통사항 1)~4)를 고려한다.
· m^2당 견적으로 한다.

시공상의 유의점

· 시공에 있어서는 공통사항 1), 5), 6)을 고려한다.
· 붙임모양은 미관상 아름답게 보이도록 배려한다.
· 돌의 조합을 고려하고, 밸런스가 잘 맞도록 시공한다.
· 표면이 평평하게 되도록 배려하고, 물구배를 고려한다.
· 돌의 각부가 예리하게 돌출되지 않도록 주의한다.
· 돌의 표면이 오염되지 않도록 주의하여 시공한다.

▨ 사용석재

· 조경절판석 붙임에 사용하는 절판석(조경용)은 다음과 같다.

절판석〈조경용〉

1) 형태는 폭이 두께의 3배이상이고 컷팅 또는 톱등으로 가공한 편평한 1면을 가지고 정형 또는 막형으로 외관면을 분할가공한 것
2) 치수는 정형인 것은 법규정에 준하지만 그 이외도 허용한다.
3) 품질은 강도, 내구적이고, 균열, 부석거림 등의 결점이 거의 없는 것

*비샨이나 쇼트브라스트 등 각종 표면마감을 하여 사용한다.

조경절판석붙임 시공순서

시공순서는 표준적인 것이 있고, 현장조건 등에 따라 크게 변화한다.

다음 표에 *표시로 표현된 부분은 시공상 특별히 조경적 배려를 요하는 조경공사에 특징적인 작업내용을 표시한다.

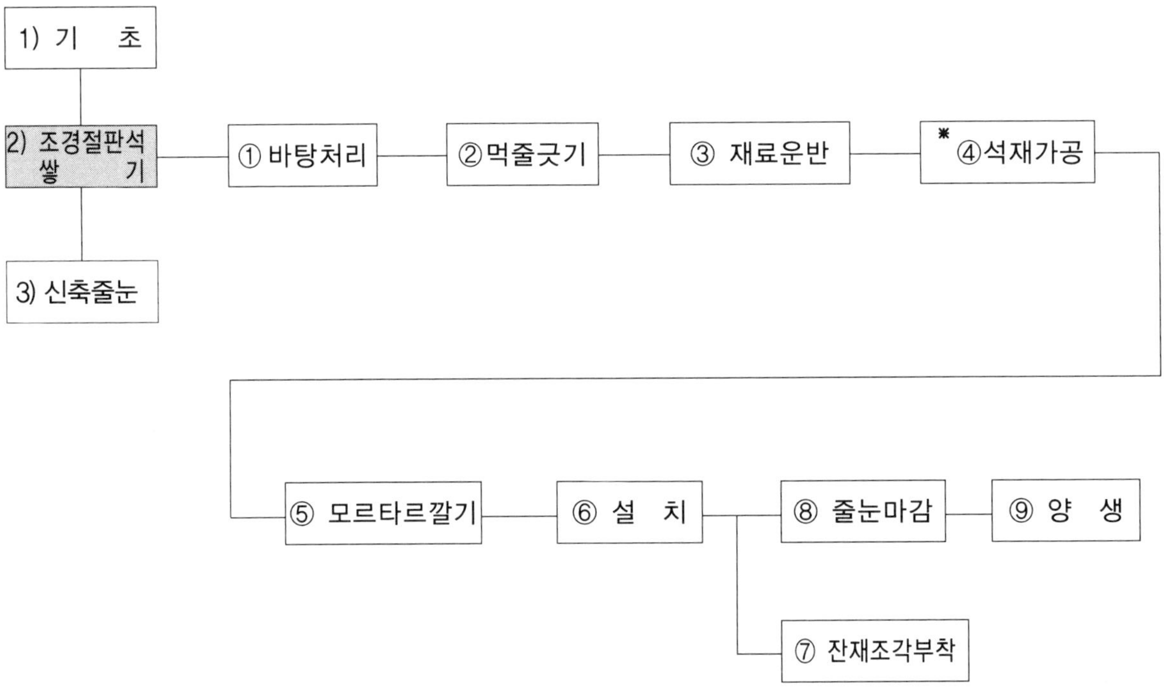

▨ 시공순서별 작업내용

1) 기　　초 ··············· 굴삭, 바닥부착, 막부순돌노반, 콘크리트기초 등의 기초에 관한 일련의 작업

2) 조경절판석붙임 ······· 먹줄긋기에서 붙임, 양생까지의 돌붙임에 관한 모든 작업

① 바탕처리 ··········· 콘크리트기초면의 바탕처리작업

② 먹줄긋기 ··········· 시공범위, 마감높이의 먹줄긋기작업

③ 재료운반 ··········· 사용재료의 현장 하역장소 등에서부터 시공현장까지의 운반작업으로 운반거리 20m정도

*④ 석재가공 ··········· 석재가공은 원칙적으로 공장의 가공이 많지만 줄눈합단이나 높이의 조절을 베이비컷 등으로 가공을 실시하는 작업

⑤ 모르타르깔기······· 균일모르타르깔기작업

*⑥ 설　　치 ············ 가공한 판석을 물실, 수준기 등을 사용하여 평평하게 붙여가는 작업

⑦ 잔재조각부착 ······ 가공단재 등의 조각부착작업

⑧ 줄눈마감 ··········· 줄눈 모르타르채움, 브러시 또는 줄눈 흙손 등으로 마감하는 작업

⑨ 양　　생 ··········· 사람이 딛고 다녀서 뜬석 · 탈착 등이 발생하지 않도록 방호처리를 실시하는 작업

3)신축줄눈 ················· 시공면적이 큰 경우, 특기 등에 따라 기초 콘크리트의 신축줄눈에 맞춰서 시공하는 경우가 있다. 이 경우 줄눈넣는 작업

▨ 표준도

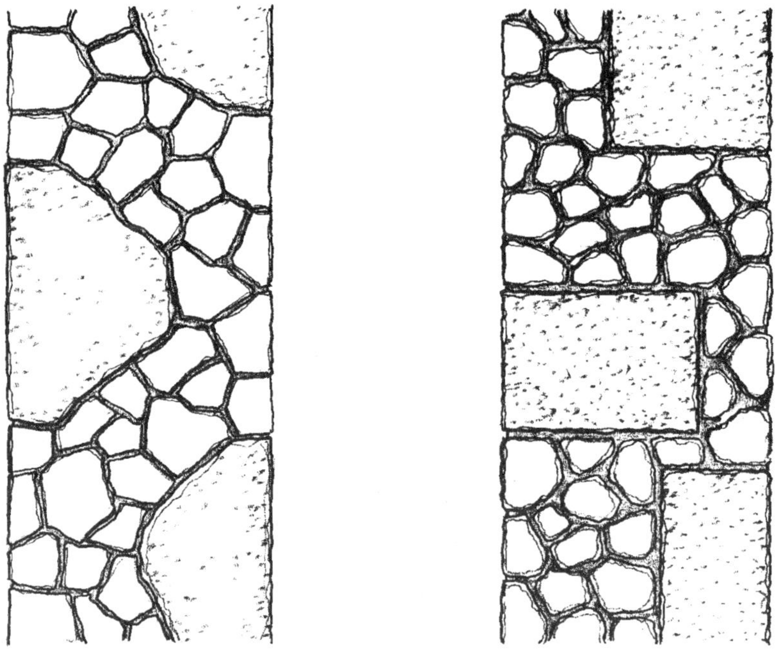

평 면 도

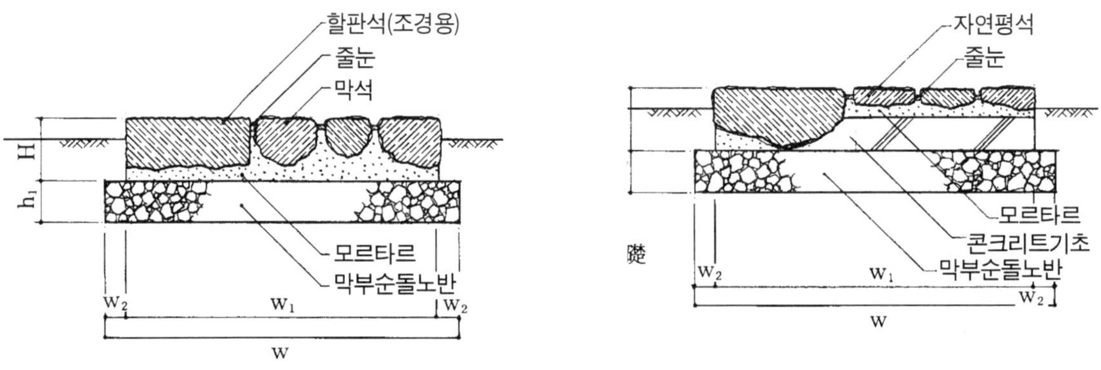

단 면 도

* 알파벳 기호는 주요한 치수를 표시한다.

▨ 시공사례

정의

· 연단은 막석, 자연편석, 할판석(조경용)등을 사용한 짜맞춤조의 포장으로 장방형처럼 정형한 것과 부정형인 것이 있다.
· 연단에는 적의, 돌절구, 조각이 있는 석재 등을 혼합한 것이 있다.

설계상의 유의점

· 설계에 있어서는 공통사항 1)~4), 7~15), 17)을 고려한다.
· 석재의 조합에 따라 다종다양한 연단이 고려됨으로 설치하는 공간과 조화로운 것을 설계한다.
· 석재의 조합방법이 이해될 수 있도록 평면도를 부착한다.
· 석재의 원석명과 형태치수를 명기한다.
· 줄눈의 시방을 명기한다.
· 형태치수의 기술은 치수마다 폭이 있는 석재를 사용하는 것을 고려하여 평균지름 ○~○cm라고 표기한다.

적산상의 유의점

· 적산에 있어서는 공통사항 1)~4)를 고려한다.
· m^2당 견적으로 한다.

시공상의 유의점

· 시공에 있어서는 공통사항 1), 5), 6)을 고려한다.
· 설계의도를 이해하여 미관상 아름답게 보이도록 주의하여 시공한다.
· 붙임모양은 아름답게 보이도록 고려한다.
· 돌을 크고 작게 혼합하여 시공하는 경우는 밸런스가 잘 어울리도록 조합하고, 작은 돌이 많아지지 않도록 배려한다.
· 표면이 평평하게 되도록 배려하고, 물구배를 고려한다.
· 돌의 표면이 오염되지 않도록 주의하여 시공한다.
· 시공후의 양생에 주의한다.

사용석재

· 연단에 사용하는 석재는 각종이 있지만 대표적인 것은 다음과 같다.

〈막　석〉

1) 형태는 자연그대로인 것이므로 비교적 편평한 면을 갖거나 편평하지 않은 것
2) 치수는 대략 5~25cm 정도인 것으로 일반적으로 5~15cm인 것이 사용된다.
3) 품질은 균열 등의 인위적인 결점이 거의 없는 것

〈할판석(조경용)〉

1) 형태는 자연그대로인 것이므로 비교적 편평한 면을 갖거나 편평하지 않은 것
2) 치수는 대략 5~25cm 정도인 것으로 일반적으로 5~15cm인 것이 사용된다.
3) 품질은 강도, 내구적이고, 균열, 푸석거림 등의 결점이 거의 없는 것으로 하거나 표면이 약간 일그러짐, 뒤틀림, 凹凸은 확인한 것으로 한다.

〈자연평석(조경용)〉

1) 형태는 자연그대로인 것으로 비교적 편평한 면을 갖거나 편평한 것
2) 치수는 돌 종류에 따라 다르다.
3) 품질은 강도, 내구적이고, 푸석거림 등이 결점이 거의 없는 것

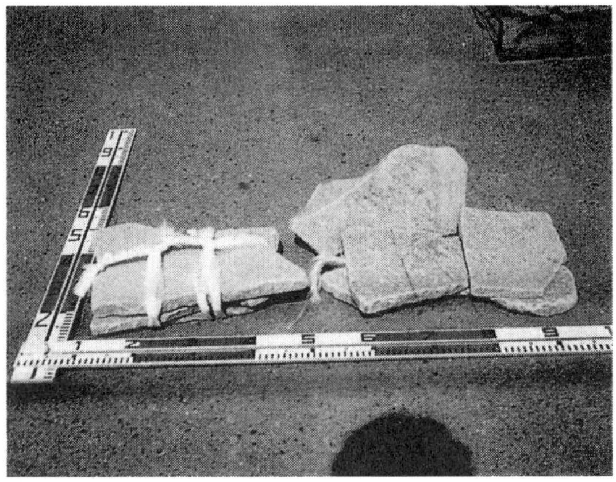

▨ 연단석 시공순서

시공순서는 표준적인 것이 있고, 현장조건 등에 따라 크게 변화한다.

다음 표에 *표시로 표현된 부분은 시공상 특별히 조경적 배려를 요하는 조경공사에 특징적인 작업내용을 표시한다.

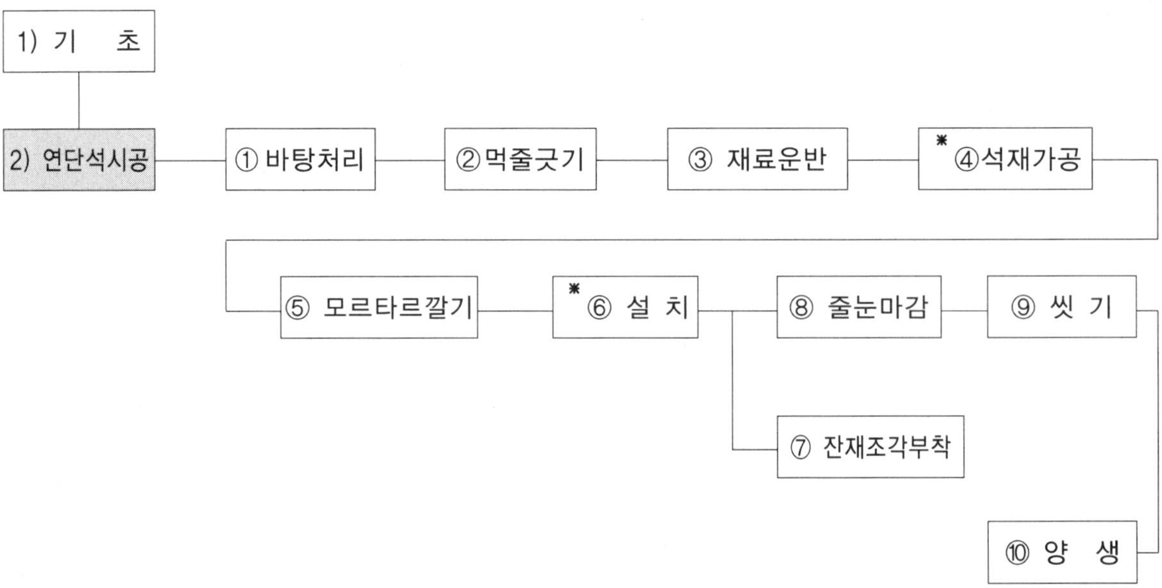

▨ 시공순서별 작업내용

1) 기　　초 …………… 굴삭, 바닥부착, 막부순돌노반, 콘크리트기초 등의 기초에 관한 일련의 작업

2) 연단석시공 ………… 먹줄긋기에서 붙임, 양생까지의 돌붙임에 관한 모든 작업
① 바탕처리 ………… 콘크리트기초면의 바탕처리작업
② 먹줄긋기 ………… 시공범위, 마감높이의 먹줄긋기작업
③ 재료운반 ………… 사용재료의 현장 하역장소 등에서부터 시공현장까지의 운반작업으로 운반거리 20m정도
*④ 석재가공 ………… 수경적인 형태를 고려한 석재의 현장가공으로 손절단(연마)가공을 실시하는 작업
⑤ 모르타르깔기 …… 균일모르타르깔기작업
*⑥ 설　　치 ………… 가공한 석재 등을 수경적으로 설치하는 작업
⑦ 잔재조각부착 …… 가공단재 등의 조각부착작업
⑧ 줄눈마감 ………… 줄눈 모르타르채움, 브러시 또는 줄눈 흙손 등으로 마감하는 작업
⑨ 씻　　기 ………… 표면에 부착한 모르타르 등을 제거하는 작업으로 간단한 배수처리등을 포함한다.
⑩ 양　　생 ………… 사람이 딛고 다녀서 뜬석 · 탈착 등이 발생하지 않도록 방호처리를 실시하는 작업

▨ 표준도

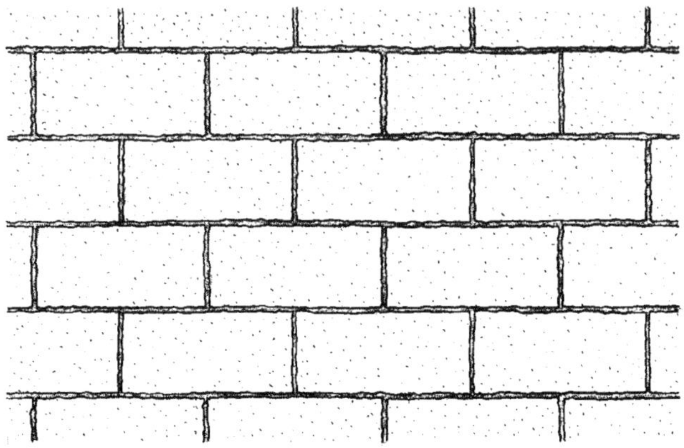

평 면 도

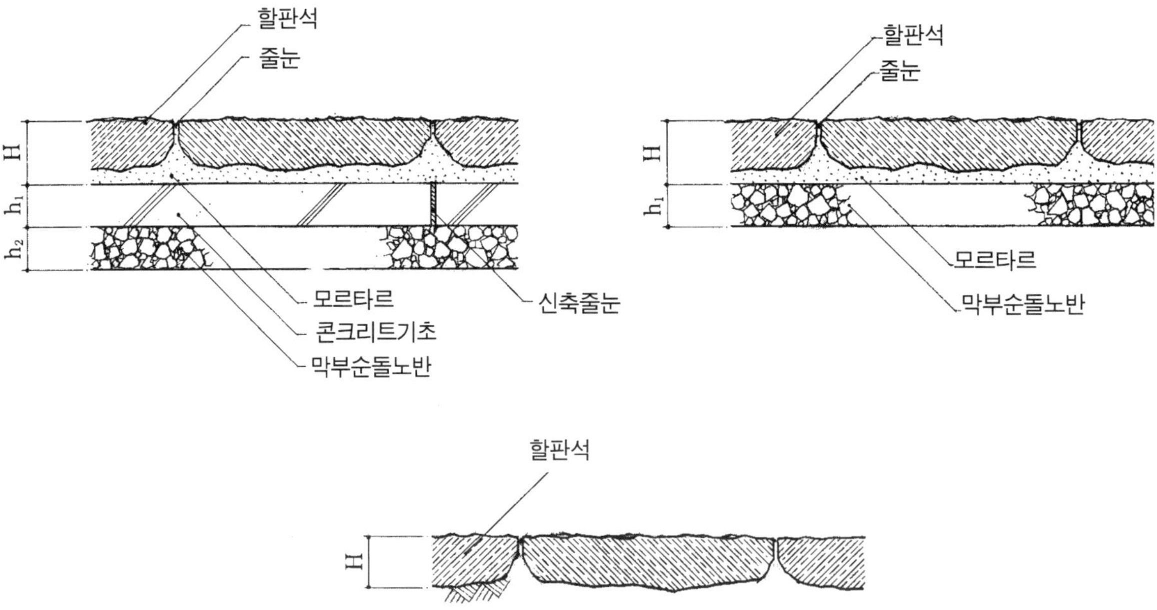

단 면 도

* 알파벳 기호는 주요한 치수를 표시한다.

▨ 시공사례

정의

· 할판석붙임은 정형의 할판석을 사용한 돌붙임이다.
· 표면을 평평하도록 하기 위하여 표면가공을 하는 경우가 있다.

설계상의 유의점

· 설계에 있어서는 공통사항 1)~4), 7), 10)~15)를 고려한다.
· 포장단면은 지내력 및 상재하중을 고려하여 결정한다.
· 붙임모양이 이해될 수 있도록 평면도를 부착한다.
· 석재의 돌 종류와 형태치수를 명기한다.
· 석재의 표면마감을 명확히 기입한다.
· 약간의 일그러짐, 뒤틀림, 凹凸이 있는 것을 고려한다.
· 줄눈, 신축줄눈의 시방서를 명기한다.

적산상의 유의점

· 적산에 있어서는 공통사항 1)~4)를 고려한다.
· m^2당 견적으로 한다.

시공상의 유의점

· 시공에 있어서는 공통사항 1), 4)~6)을 고려한다.
· 표면이 평평하게 되도록 배려하고, 물구배를 고려한다.
· 단부의 고정에 유의한다.
· 돌의 각부가 예리하지 않도록 주의한다.
· 돌의 표면이 오염되지 않도록 주의하여 시공한다.

▨ 사용석재

· 할판석 붙임에 사용하는 할판석은 다음과 같지만 설계도에 따라 할판석(수경용)을 사용하는 것이 있다.

〈 할판석 〉

1) 형태는 두께가 15cm 미만이거나 폭이 두께의 3배이상인 것
2) 치수는 다음과 같다.

<table>
<tr><th>폭(cm)</th><th>두께(cm)</th><th>길이(cm)</th></tr>
<tr><td>30</td><td>15</td><td>30</td></tr>
<tr><td>40</td><td>18</td><td>40</td></tr>
<tr><td>40</td><td rowspan="6">10~15</td><td rowspan="6">90</td></tr>
<tr><td>45</td></tr>
<tr><td>50</td></tr>
<tr><td>55</td></tr>
<tr><td>60</td></tr>
<tr><td>65</td></tr>
</table>

3) 품질은 치수의 부정확, 깎음, 균열, 얼룩, 얼룩, 푸석거림, 흠집 패임 등의 결점의 합이 1~3등급으로 구분

▨ 할판석붙임 시공순서

시공순서는 표준적인 것이 있고, 현장조건 등에 따라 크게 변화된다.

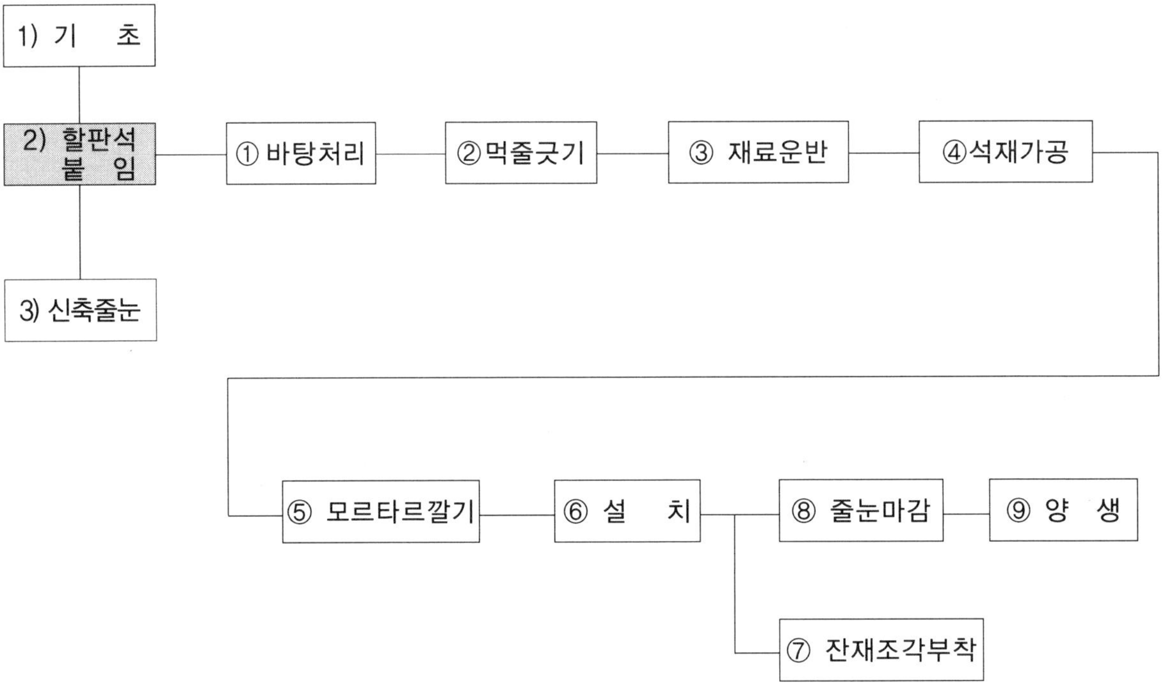

▨ 시공순서별 작업내용

1) 기　　초 ·············· 굴삭, 바닥부착, 막부순돌노반, 막부순돌, 콘크리트기초 등의 기초에 관한 일련의 작업

2) 할판석붙임 ············ 먹줄긋기에서 돌붙임에 관한 모든 작업
   ① 바탕처리 ············ 콘크리트 기초면의 바탕처리작업
   ② 먹줄긋기 ············ 시공범위, 마감높이의 먹줄긋기작업
   ③ 재료운반 ············ 사용재료의 현장 하역장소 등에서부터 시공현장까지의 운반작업으로 운반거리 20m정도
   ④ 석재가공 ············ 석재가공은 원칙적으로 공장의 가공이 많지만 줄눈합단이나 높이의 조절을 베이비컷 등으로 가공을 실시하는 작업
   ⑤ 모르타르깔기 ······ 균일모르타르깔기작업
   ⑥ 설　　치 ············ 가공한 석재를 물실, 수준기 등을 사용하여 평평하게 붙여가는 작업
   ⑦ 잔재조각부착 ······ 가공단재 등의 조각부착작업
   ⑧ 줄눈마감 ············ 줄눈 채움작업
   ⑨ 양　　생 ············ 사람이 딛고 다녀서 뜬석 · 탈착 등이 발생하지 않도록 방호처리를 실시하는 작업

3)신축줄눈 ················ 시공면적이 큰 경우, 특기 등에 따라 기초 콘크리트의 신축줄눈에 맞춰서 시공하는 경우가 있다. 이 경우 줄눈넣는 작업

▨ 표준도

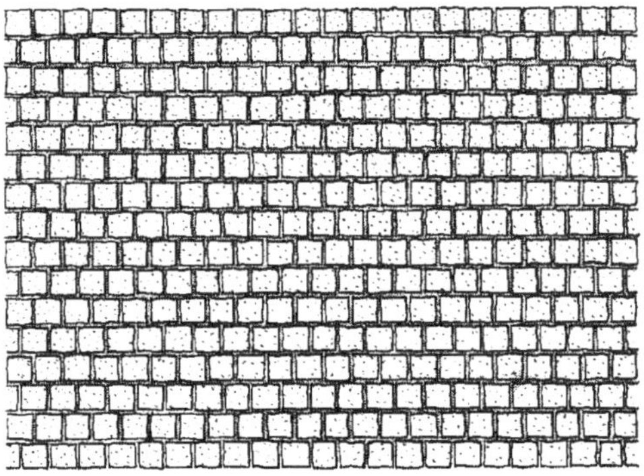

[직선붙임]

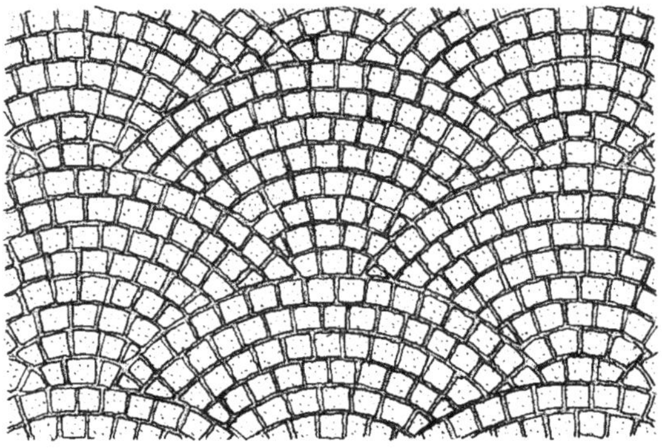

[삼각형붙임]

평 면 도

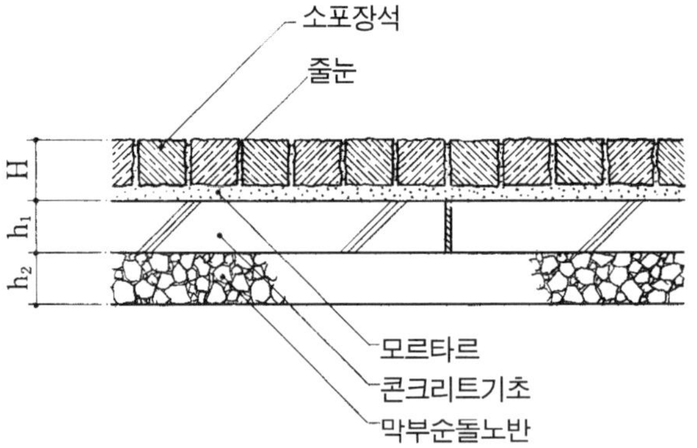

단 면 도

※ 알파벳 기호는 주요한 치수를 표시한다.

▨ 시공사례

정의

· 소포장석붙임은 소포장석을 사용한 돌로써 기초 위에 8~10cm각의 소포장석을 붙인 것
· 직선붙임, 원형붙임과 비늘붙임이 있다.

설계상의 유의점

· 설계에 있어서는 공통사항 1)~4), 7), 10~15), 17)을 고려한다.
· 포장단면은 지내력 및 상재하중을 고려하여 결정한다.
· 붙임모양이 이해될 수 있도록 평면도를 부착한다.
· 석재종류와 형태치수를 명기한다.
· 적재의 색조를 명기한다.
· 석재의 형태치수는 안팎을 표시한다.
· 줄눈, 신축줄눈의 시방을 명기한다.

적산상의 유의점

· 적산에 있어서는 공통사항 1)~4)를 고려한다.
· m^2당 견적으로 한다. 붙임모양에 따라 수공비가 달라지므로 견적에 붙임모양을 명기한다.

시공상의 유의점

· 시공에 있어서는 공통사항 1), 5), 6)을 고려한다.
· 표면이 평평하게 되도록 배려하고, 물구배를 고려한다.
· 합단이 맞춰지도록 가공하면서 시공한다. 또한 표면에 혹이 있을 경우에는 이것을 제거하여 편평하게 한다.
· 돌의 표면이 오염되지 않도록 주의하여 시공한다.

▨ 사용석재

· 소포장석붙임에 사용하는 작은 포장석은 다음과 같다.

〈 소포장석 〉

1) 형태는 대부분 입방체에 가까운 형으로 가공한 것
2) 치수는 대략 8~10cm 정도인 것(16~20cm인 2배짜리도 있다)
3) 품질에 있어서는 특별할 것은 없다.

▨ 소포장석붙임 시공순서

시공순서는 표준적인 것이 있고, 현장조건 등에 따라 크게 변화된다.

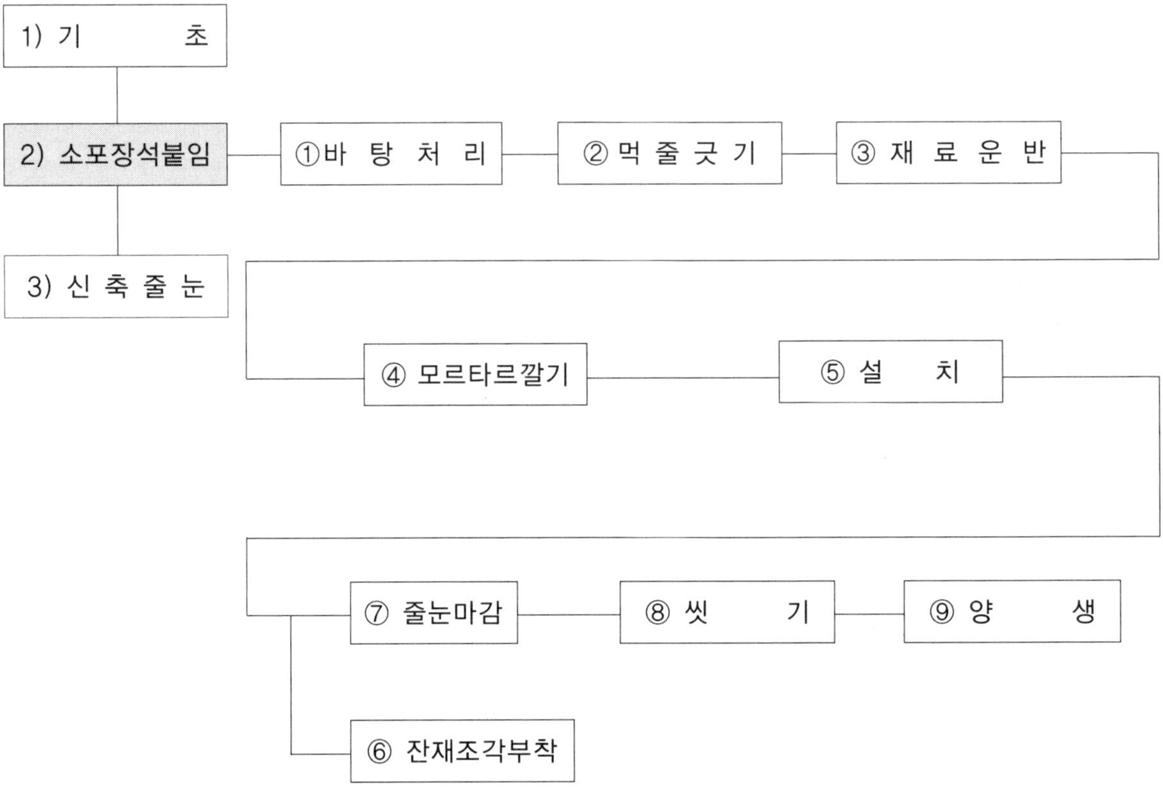

▨ 시공순서별 작업내용

1) 기　　초 ··············· 굴삭, 바닥부착, 막부순돌노반, 콘크리트기초 등의 기초에 관한 일련의 작업

2) 소포장석붙임 ········· 먹줄긋기에서 붙임, 양생까지의 돌붙임에 관한 모든 작업
   ① 바탕처리 ··········· 콘크리트 기초면의 바탕처리작업
   ② 먹줄긋기 ··········· 시공범위, 마감높이의 먹줄긋기작업
   ③ 재료운반 ··········· 사용재료의 현장 하역장소 등에서부터 시공현장까지의 운반작업으로 운반거리 20m정도
   ④ 모르타르깔기 ····· 균일모르타르깔기작업
   ⑤ 설　　치 ··········· 균일모르타르깔기작업
   ⑥ 잔재조각부착 ······ 남은 재료 반출작업
   ⑦ 줄눈마감 ··········· 줄눈 채움작업(치장줄눈마감)
   ⑧ 씻　　기 ··········· 표면에 부착한 모르타르 및 회 등을 물 또는 약산으로 씻는 작업으로 간간한 배수처리를 포함한다.
   ⑨ 양　　생 ··········· 사람이 딛고 다녀서 픈석 · 탈착 등이 발생하지 않도록 방호처리를 실시하는 작업

3) 신축줄눈 ··············· 시공면적이 큰 경우 특기 등에 의해 기초 콘크리트의 신축줄눈에 맞춰서 시공하는 것이 있다. 이 경우 줄눈넣기 작업

▨ 표준도

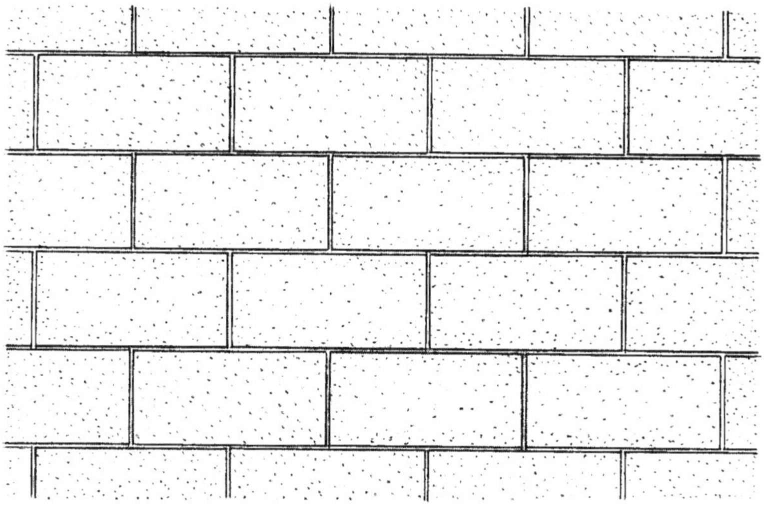

평 면 도

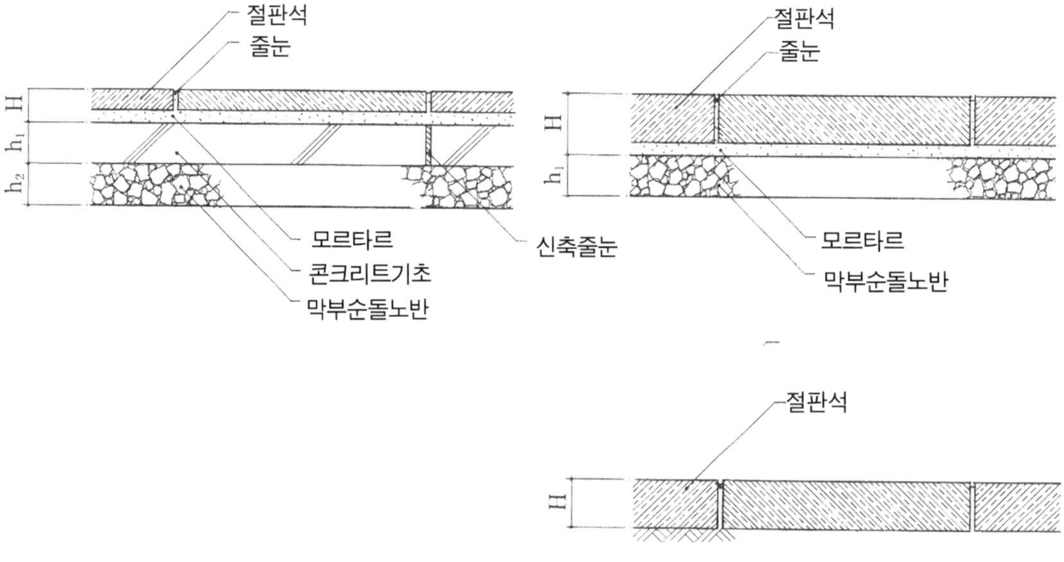

단 면 도

* 알파벳 기호는 주요한 치수를 표시한다.

▨ 시공사례

정의

· 절판석붙임은 정형적인 절판석을 사용한 돌붙임이다.

설계상의 유의점

· 설계에 있어서는 공통사항 1)~4), 7), 10)~15), 17)을 고려한다.
· 포장단면은 지내력 및 상재하중을 고려하여 결정한다.
· 붙임모양이 이해될 수 있도록 평면도를 부착한다.
· 석재의 표면마감을 명확히 기입한다.
· 석재의 종류와 형태치수를 명확히 기입한다.
· 줄눈, 신축줄눈의 시방서를 명확히 기입한다.

적산상의 유의점

· 적산에 있어서는 공통사항 1)~4)를 고려한다.
· m^2당 견적으로 한다.

시공상의 유의점

· 시공에 있어서는 공통사항 1), 4), 6)을 고려한다.
· 표면이 평평하게 되도록 배려하고, 물구배를 고려한다.
· 돌의 각부가 예리하지 않도록 주의한다.
· 돌의 표면이 오염되지 않도록 주의하여 시공한다.

▨ 사용석재

· 절판석붙임에 사용하는 절판석은 다음과 같지만 설계도에 따라 절판석(조경용)을 사용하는 경우도 있다.

〈 절판석 〉

1) 형태는 각두께가 15cm미만이거나 폭이 두께의 3배이상인 것
2) 치수는 다음과 같다.

<table>
<tr><th>폭(cm)</th><th>두께(cm)</th><th>길이(cm)</th></tr>
<tr><td>30</td><td rowspan="2">8～12</td><td>30</td></tr>
<tr><td>40</td><td>40</td></tr>
<tr><td>40
45
50
55
60
65</td><td>10～15</td><td>90</td></tr>
</table>

3) 품질은 치수의 부정확, 쪼개짐, 균열, 푸석거림, 흠집,패임 등의 결점의 정도로 1~3등급으로 구분.

*비산이나 쇼트브라스트 등 각종 표면마감을 하여 사용한다.

절판석붙임 시공순서

시공순서는 표준적인 것이 있고, 현장조건 등에 따라 크게 변화한다.

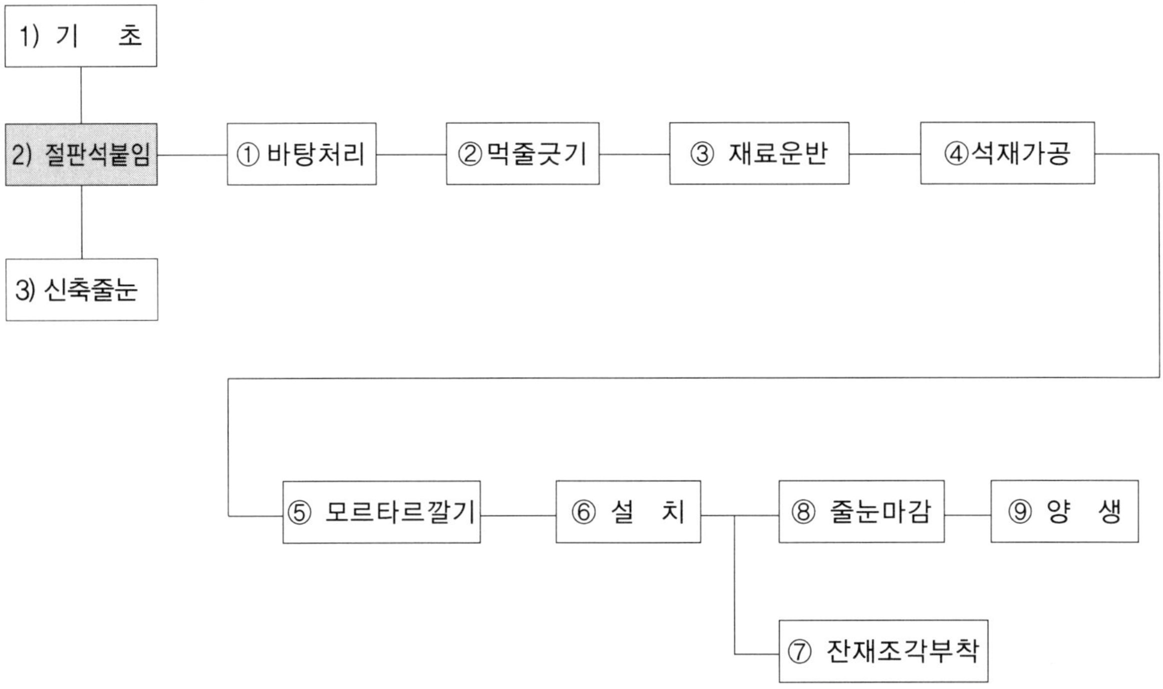

▨ 시공순서별 작업내용

1) 기　　초 ··············· 굴삭, 바닥부착, 막부순돌노반, 콘크리트기초 등의 기초에 관한 일련의 작업

2) 절판석붙임··············먹줄긋기에서 붙임, 양생까지의 돌붙임에 관한 모든 작업

① 바탕처리 ··········· 콘크리트 기초면의 바탕처리작업

② 먹줄긋기 ··········· 시공범위, 마감높이의 먹줄긋기작업

③ 재료운반 ··········· 사용재료의 현장 하역장소 등에서부터 시공현장까지의 운반작업으로 운반거리 20m정도

④ 석재가공 ··········· 석재가공은 원칙적으로 공장의 가공이 많지만 줄눈이나 높이의 조절을 베이비컷 등으로 가공을 실시하는 작업

⑤ 모르타르깔기 ······ 균일모르타르깔기작업

⑥ 설　　치 ··········· 가공한 석재를 물실, 수준기 등을 사용하여 평평하게 붙여가는 작업

⑦ 잔재조각부착 ······ 가공단재 등의 조각부착작업

⑧ 줄눈마감 ··········· 줄눈 채움작업

⑨ 양　　생 ··········· 사람이 딛고 다녀서 뜬석 · 탈착 등이 발생하지 않도록 방호처리를 실시하는 작업

3) 신축줄눈 ··············· 시공면적이 큰 경우 특기 등에 의해 기초 콘크리트의 신축줄눈에 맞춰서 시공하는 것이 있다. 이 경우 줄눈넣기 작업

▨ 표준도

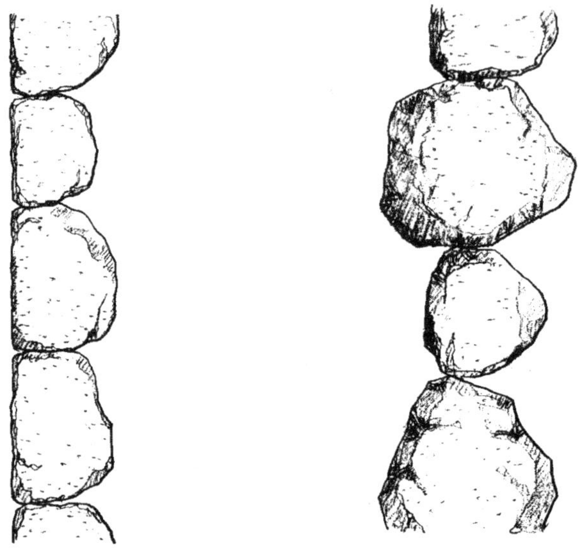

평 면 도

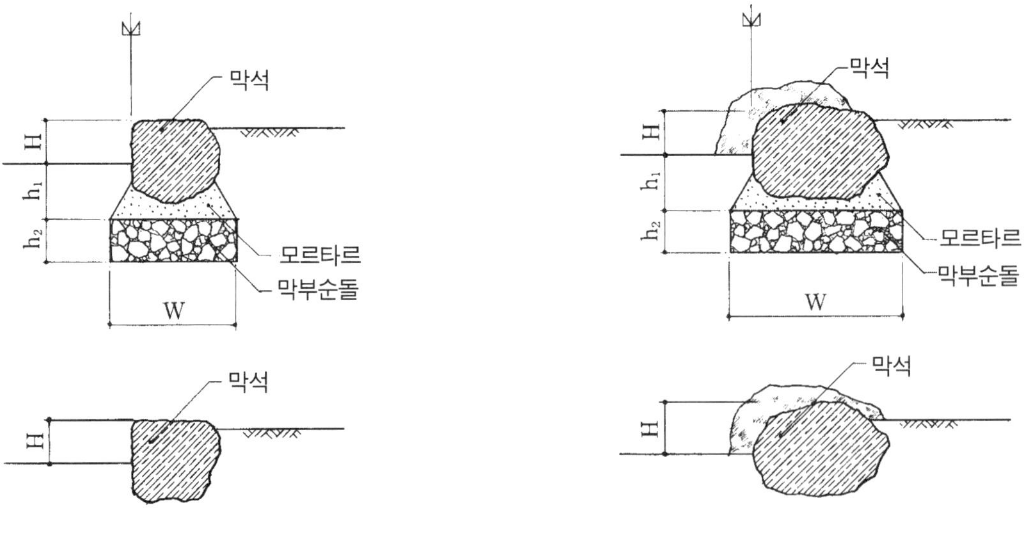

단 면 도

* 콘크리트기초를 설치하는 경우도 있다.
* 알파벳 기호는 주요한 치수를 표시한다.

▨ 시공사례

정의

· 테두리막석은 막석을 사용한 테두리석으로 크고 작은 석재를 밸런스가 좋게 조경적 배려를 가공하면서 설치하는 것

설계상의 유의점

· 설계에 있어서는 공통사항 1)~4), 7~15), 18)을 고려한다.
· 테두리석의 단면형상은 다른 구조물과의 연관을 고려하여 결정한다.
· 석재의 배열방법이 이해될 수 있도록 평면도를 부착한다.
· 석재의 원석명과 형태치수를 명기한다.
· 형태치수의 기술은 막석이 치수적으로 폭이 있는 것을 고려하여 평균지름 ○~○cm라고 표기한다.
· 형태치수가 다른 석재를 혼합하여 사용하는 경우는 예상되는 혼합비율을 명기한다.
· 줄눈의 시방을 명기한다.

적산상의 유의점

· 적산에 있어서는 공통사항 1)~4)를 고려한다.
· m당 견적으로 한다.

시공상의 유의점

· 시공에 있어서는 공통사항 1), 4), 6)을 고려한다.
· 능선이 있는 돌을 선택하여 사용하고 능선이 비슷하게 시공한다.
· 돌의 크기가 조화롭게 되도록 고려하여 시공한다.
· 돌의 짜맞춤 합단이 맞춰지도록 배려하여 시공한다.
· 돌의 표면이 오염되지 않도록 주의하여 시공한다.

사용석재

· 테두리막석 시공에 사용하는 막석은 다음과 같다.

〈 막 석 〉

1) 형태는 자연그대로인 것이므로 비교적 편평한 면을 갖거나 편평하지 않은 것
2) 치수는 대략 5~25cm정도의 것이므로 일반적으로는 5~15cm인 것이 사용된다.
3) 품질은 균열 등 인위적인 결점이 거의 없는 것

▨ 테두리막석시공 순서

시공순서는 표준적인 것이 있고, 현장조건 등에 따라 크게 변화한다.

다음 표에 *표시로 표현된 부분은 시공상 특별히 조경적 배려를 요하는 조경공사에 특징적인 작업내용을 표시한다.

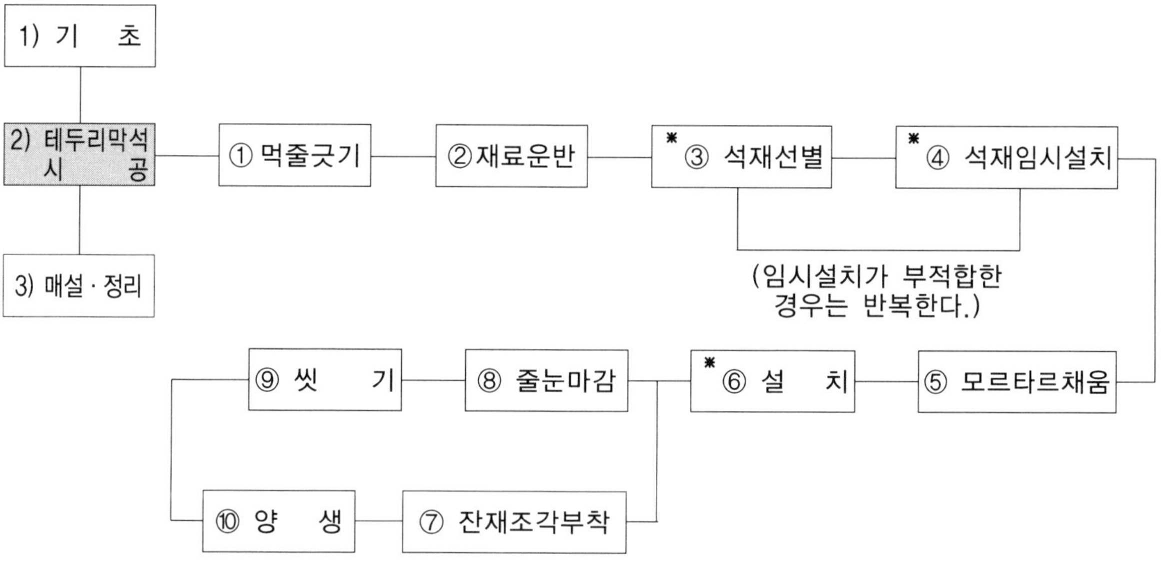

▨ 시공순서별 작업내용

1) 기 초	굴삭, 바닥부착, 막부순돌노반, 콘크리트기초 등의 기초에 관한 일련의 작업
2) 테두리막석붙임	먹줄긋기에서 붙임, 양생까지의 돌붙임에 관한 모든 작업
① 먹줄긋기	시공범위, 물매, 마감높이의 먹줄긋기작업
② 재료운반	사용재료의 현장 하역장소 등에서부터 시공현장까지의 운반작업으로 운반거리 20m정도
*③ 석재선별	붙임모양을 고려하고 그 장소에 적합한 석재를 선별하는 작업
*④ 석재임시설치	석재의 크고작은 밸런스 등을 고려하여 높이 및 합단을 맞추기 위한 임시설치작업.
⑤ 모르타르깔기	균일모르타르깔기작업
*⑥ 설 치	석재를 설치하는 작업
⑦ 잔재조각부착	남은 석재를 조각부착하는 작업
⑧ 줄눈마감	줄눈채움 작업
⑨ 씻 기	표면에 부착한 모르타르 등을 제거하는 작업
⑩ 양 생	세움방지책 등을 설치 및 시트 등에 의한 양생작업
3) 매설 · 정리	완료 후의 매설 · 정리에 관한 작업

▨ 표준도

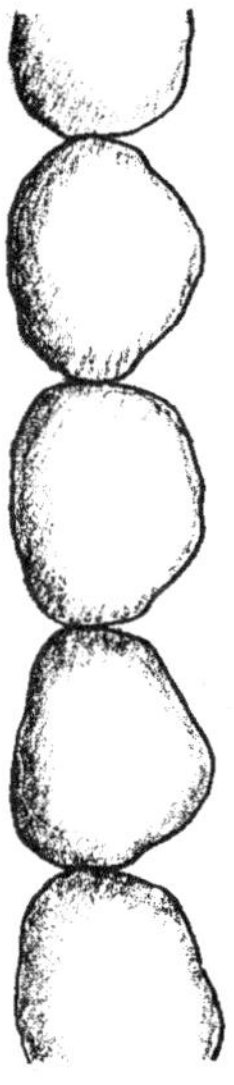

평 면 도

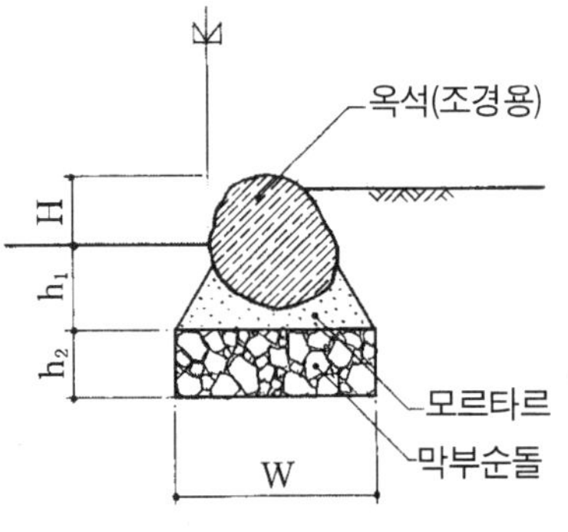

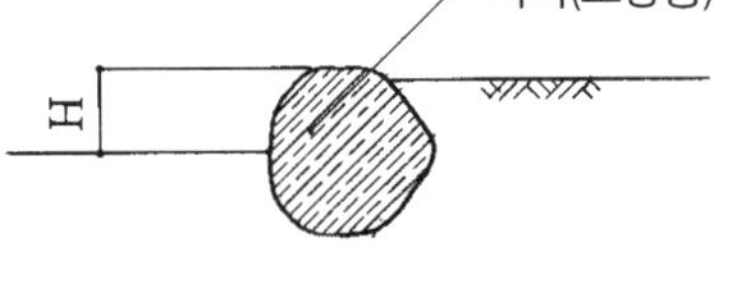

단 면 도

* 콘크리트기초를 설치하는 경우도 있다.
* 알파벳 기호는 주요한 치수를 표시한다.

▨ 시공사례

정의

· 테두리옥석시공은 옥석(조경용)을 사용한 테두리석으로 원직적으로 해서 전면과 높이를 고르게 하여 설치하는 것

설계상의 유의점

· 설계에 있어서는 공통사항 1)~4), 7). 10~15), 18)을 고려한다.
· 테두리석의 단면형상은 다른 구조물과의 연관을 고려하여 결정한다.
· 석재의 배열방법이 이해될 수 있도록 평면도를 부착한다.
· 석재의 입수가 가능한지 확인한다.
· 석재의 형태치수는 안팎을 표시한다.

적산상의 유의점

· 적산에 있어서는 공통사항 1)~4)를 고려한다.
· m^2당 견적으로 한다.

시공상의 유의점

· 시공에 있어서는 공통사항 1), 4)~6)을 고려한다.
· 돌의 표면이 오염되지 않도록 주의하여 시공한다.

사용석재

· 옥석붙임에 사용하는 옥석은 다음과 같다.

〈옥석(조경용)〉

1) 형태는 각이 마모되어 둥글어져 형태가 대략 계란형으로 지극히 편평하거나 가늘고 길지 않은 것
2) 치수는 대략 15~30cm정도의 거승로 일반적으로 15~20cm의 것이 사용된다.
3) 품질은 쪼개짐, 균열 등의 결점이 거의 없는 것

▨ 테두리옥석 시공순서

시공순서는 표준적인 것이 있고, 현장조건 등에 따라 크게 변화한다.

다음 표에 *표시로 표현된 부분은 시공상 특별히 조경적 배려를 요하는 조경공사에 특징적인 작업내용을 표시한다.

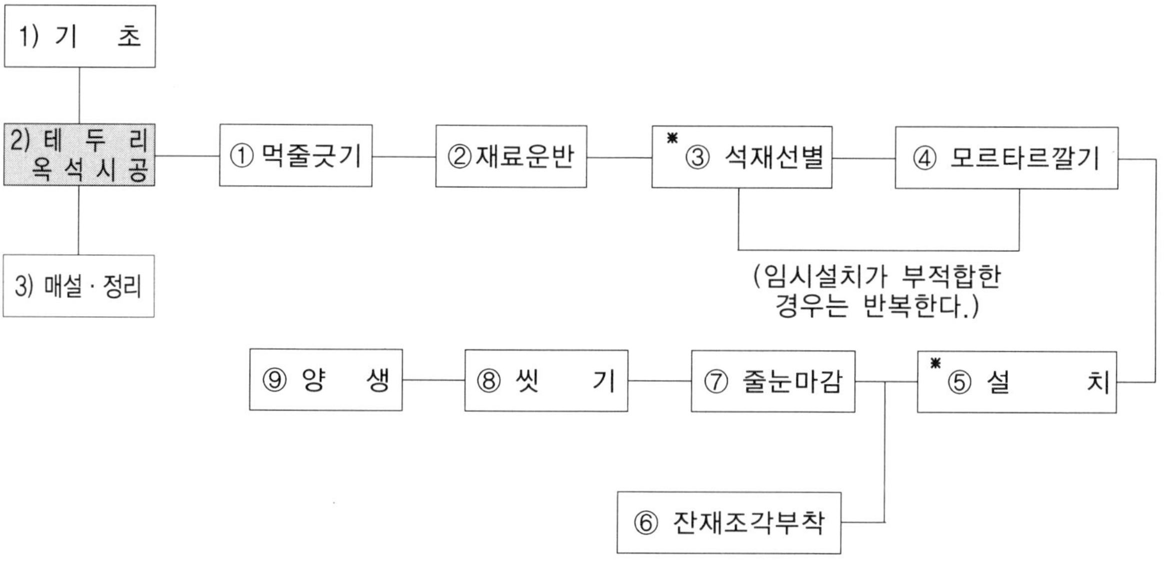

▨ 시공순서별 작업내용

1) 기 초 …………… 굴삭, 바닥부착, 막부순돌노반, 콘크리트기초 등의 기초에 관한 일련의 작업
2) 테두리옥석시공 …… 먹줄긋기에서 설치, 양생까지의 테두리석 설치에 관한 모든 작업
  ① 먹줄긋기 ………… 시공범위, 물매, 마감높이의 먹줄긋기작업
  ② 재료운반 ………… 사용재료의 현장 하역장소 등에서부터 시공현장까지의 운반작업으로 운반거리 20m정도
*③ 석재선별 ………… 설치장소에 적합한 석재선별 작업
  ④ 모르타르깔기 …… 균일모르타르깔기작업석재임시설치
*⑤ 설 치 ………… 선별한 석재를 설치하는 작업
  ⑥ 잔재조각부착 …… 남은 석재를 조각부착하는 작업
  ⑦ 줄눈마감 ………… 줄눈채움 작업
  ⑧ 씻 기 ………… 표면에 부착한 모르타르 등을 제거하는 작업
  ⑨ 양 생 ………… 세움방지책 등을 설치 및 시트 등에 의한 양생작업
3) 매설 · 정리 ………… 완료 후의 매설 · 정리에 관한 작업

▨ 표준도

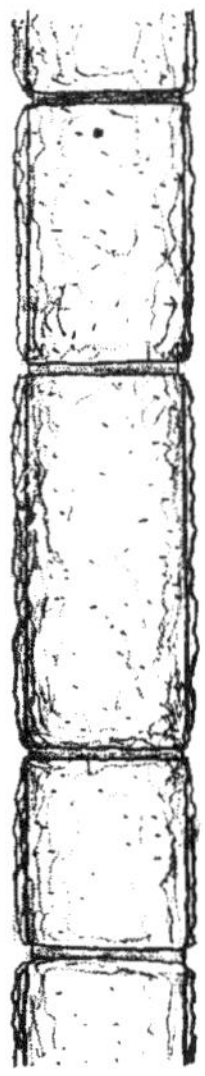

평 면 도

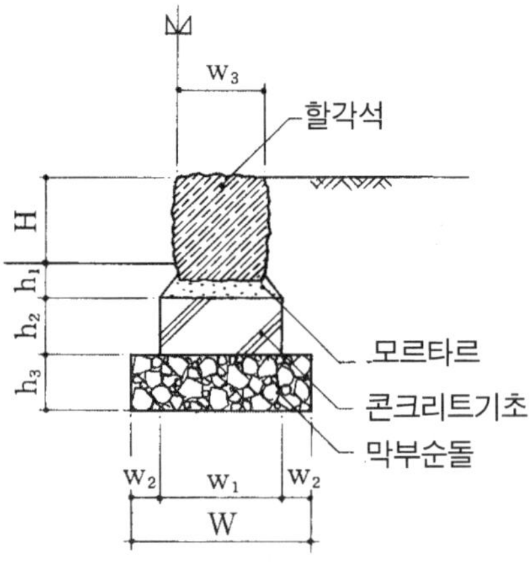

단 면 도

* 알파벳 기호는 주요한 치수를 표시한다.

▨ 시공사례

정의

· 테두리할석 시공은 할각석을 사용한 테두리석으로 높이를 고르게 하여 설치하는 것

· 원칙적으로 합단의 맞춤폭은 규정되어 있지 않지만 줄눈폭은 10mm이하로 한다.

설계상의 유의점

· 설계에 있어서는 공통사항 1)~7), 9)~15), 18)을 고려한다.

· 테두리석의 단면형상은 다른 구조물과의 관계를 고려하여 결정한다.

· 석재의 표면마감을 명기한다.

적산상의 유의점

· 적산에 있어서는 공통사항 1)~4)를 고려한다.

· m당 견적으로 한다.

시공상의 유의점

· 시공에 있어서는 공통사항 1), 6)을 고려한다.

· 천단이 수평이고 능선이 비슷하게 시공한다.

· 돌의 표면이 오염되지 않도록 주의하여 시공한다.

▨ 사용석재

· 테두리할석 시공에 사용하는 할각석은 다음과 같지만 설계의도에 따라 할각석(조경용)을 사용하는 경우도 있다.

〈할각석〉

1) 형태는 폭이 두께의 3배미만인 길이를 가진 것

2) 치수는 다음과 같다.

종 류	두께(cm)	폭(cm)	길이(cm)
12의 15	12	15	91,100,150
15의 18	15	18	
15의 21	15	21	
15의 24	15	24	
15의 30	15	30	
18의 30	18	30	

*두께와 폭에서는 길이쪽을 폭으로 한다.

3) 품질은 치수의 부정확, 깎음, 균열, 얼룩, 푸석거림. 흠집, 패임 등의 결점이 거의 없는 정도로 1~3 등급으로 구분한다.

조경절판석붙임 시공순서

시공순서는 표준적인 것이 있고, 현장조건 등에 따라 크게 변화한다.

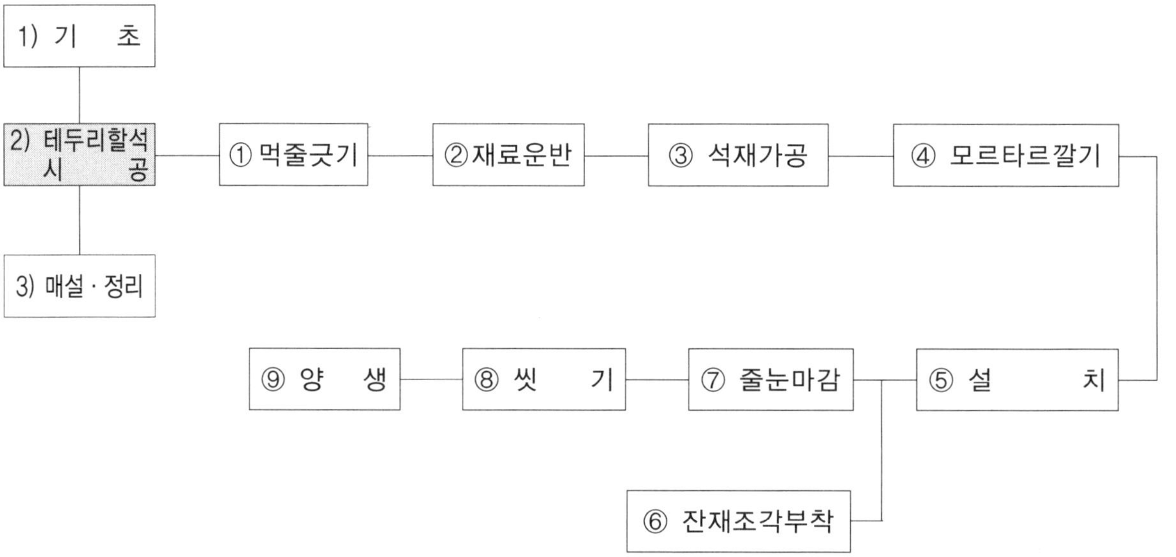

▨ 시공순서별 작업내용

1) 기　　초 ················ 굴삭, 바닥부착, 막부순돌노반, 콘크리트기초 등의 기초에 관한 일련의 작업

2) 테두리할석시공 ······ 먹줄긋기에서 설치, 양생까지의 테두리설치에 관한 모든 작업
   ① 먹줄긋기 ············ 시공범위, 마감높이의 먹줄긋기작업
   ② 재료운반 ············ 사용재료의 현장 하역장소 등에서부터 시공현장까지의 운반작업으로 운반거리 20m정도
   ③ 석재가공 ············ 임시 설치의 먹줄긋기에 의해 석재를 가공하는 작업
   ④ 모르타르깔기 ······ 균일모르타르깔기작업
   ⑤ 설　　치 ············ 가공한 석재를 설치하는 작업
   ⑥ 잔재조각부착 ······ 가공한 합단재 등의 조각부착작업
   ⑦ 줄눈마감 ············ 줄눈 모르타르채움
   ⑧ 씻　　기 ············ 표면에 부착한 모르타르 등을 제거하는 작업
   ⑨ 양　　생 ············ 출입 방지책 등의 설치 및 시트에 의한 양생작업

3) 매설 · 정리 ············ 완료 후의 매설 · 정리에 관한 작업

▨ 표준도

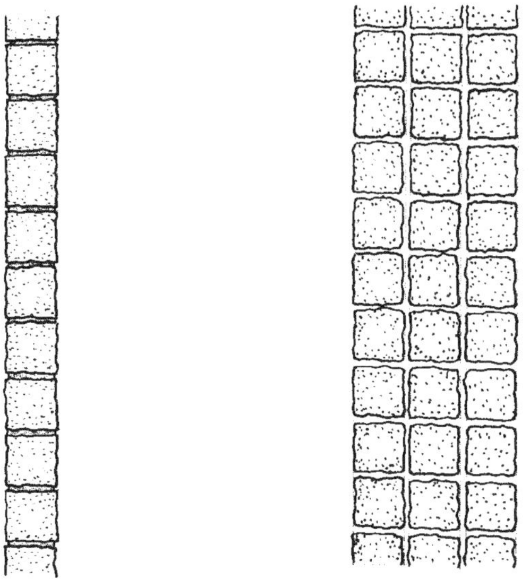

평 면 도

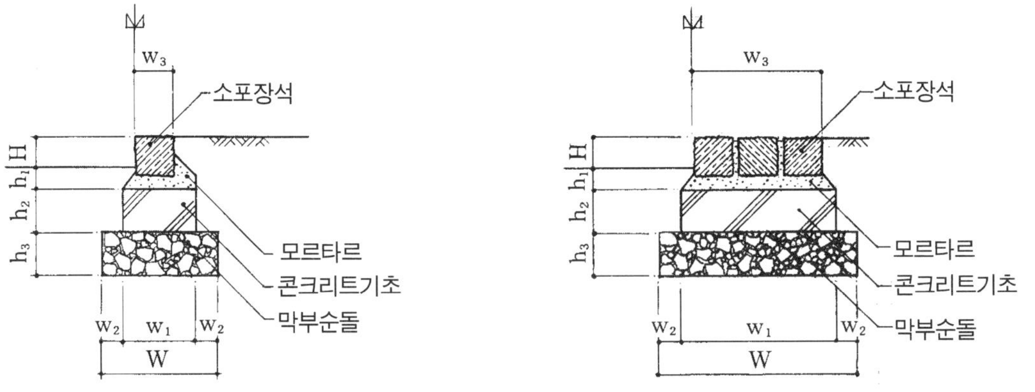

단 면 도

* 알파벳 기호는 주요한 치수를 표시한다.

▨ 시공사례

▨ 정의

· 테두리소포장석시공은 소포장석을 사용한 테두리석으로 라인상태대로 배열하는 것
· 원칙적으로 합단의 맞춤폭은 규정되어 있지 않지만 줄눈폭은 10mm이하로 한다.

▨ 설계상의 유의점

· 설계에 있어서는 공통사항 1)~4), 7), 10)~15), 18)을 고려한다.
· 테두리석의 단면형상은 다른 구조물과의 관계를 고려하여 결정한다.
· 석재의 배열방법이 이해될 수 있도록 평면도를 작성한다.
· 석재의 종류와 단면형상의 치수를 명기한다.
· 석재의 색조를 명기한다.
· 줄눈, 신축줄눈의 시방을 명기한다.

▨ 적산상의 유의점

· 적산에 있어서는 공통사항 1)~4)를 고려한다.
· m당 견적으로 한다.

▨ 시공상의 유의점

· 시공에 있어서는 공통사항 1), 6)을 고려한다.
· 천단이 수평이고 능선이 통할수 있게 시공한다.
· 돌의 표면이 오염되지 않도록 주의하여 시공한다.

▨ 사용석재

· 테두리포장석 시공에 사용하는 포장석은 다음과 같다.

〈소포장석〉

1) 형태는 거의 입방체에 가까운 형으로 가공한 것
2) 치수는 한변이 약 8~10cm인 것(16~20cm인 2종류가 있다.
3) 품질에 대해서는 특별한 것이 없다.

▨ 테두리소포장석 시공순서

시공순서는 표준적인 것이 있고, 현장조건에 따라 크게 변한다.

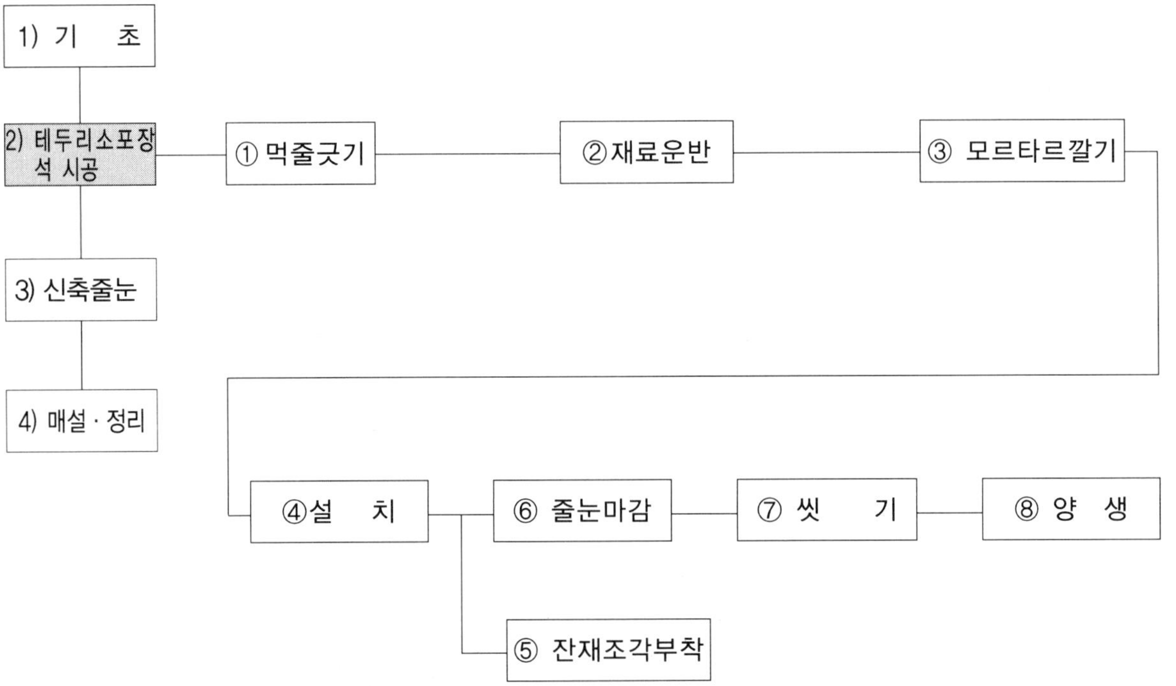

▨ 시공순서별 작업내용

1) 기　　초 ·············· 굴삭, 바닥부착, 막부순돌노반, 콘크리트기초 등의 기초에 관한 일련의 작업

2) 테두리소포장석시공 · 먹줄긋기에서 설치, 양생까지의 테두리설치에 관한 모든 작업
   ① 먹줄긋기 ··········· 시공범위, 마감높이의 먹줄긋기작업
   ② 재료운반 ··········· 사용재료의 현장 하역장소 등에서부터 시공현장까지의 운반작업으로 운반거리 20m정도
   ③ 모르타르깔기 ······ 균일모르타르깔기작업
   ④ 설　　치 ··········· 가공한 석재를 설치하는 작업
   ⑤ 잔재조각부착 ······ 남은 조각을 부착작업
   ⑥ 줄눈마감 ··········· 줄눈 모르타르채움작업
   ⑦ 씻　　기 ··········· 표면에 부착한 모르타르 등을 제거하는 작업
   ⑧ 양　　생 ··········· 출입 방지책 등의 설치 및 시트에 의한 양생작업

3) 신축줄눈 ··············· 시공연장이 긴경우 특기 등에 따라 기초콘크리트의 신축줄눈에 맞춰서 시공하는 것이 있다. 이때 줄눈넣기작업

4) 매설 · 정리 ··········· 완료 후의 매설 · 정리에 관한 작업

▨ 표준도

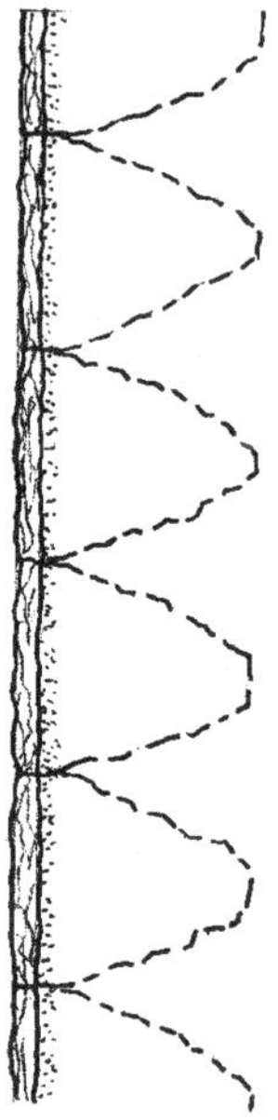

평 면 도

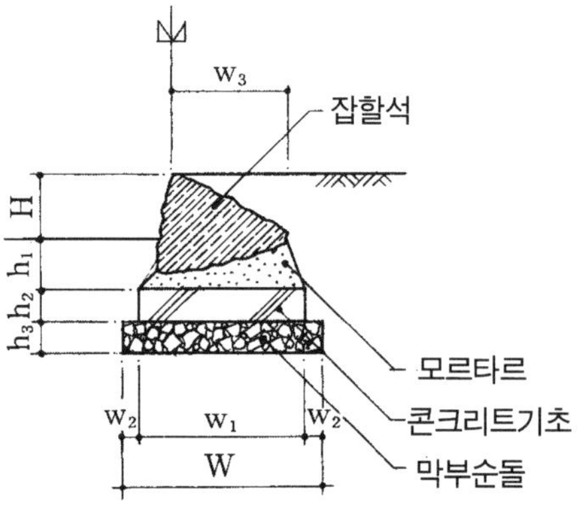

단 면 도

＊ 알파벳 기호는 주요한 치수를 표시한다.

▨ 시공사례

▨ 정의

· 테두리잡할석시공은 잡할석을 사용한 테두리석으로 수평실 등으로 합단 및 높이를 나란히 설치하는 것
· 돌의 천단폭은 규정이 없는 것으로 한다.

▨ 설계상의 유의점

· 설계에 있어서는 공통사항 1)~7), 10~15), 18)을 고려한다.
· 테두리석의 단면형상은 다른 구조물과의 연관을 고려하여 결정한다.
· 석재의 원석명과 형태치수를 명기한다.
· 석재의 버팀이 긴 경우 인조잔디나 낮은 나무식재가 잘못되는 것에 주의한다.

▨ 적산상의 유의점

· 적산에 있어서는 공통사항 1)~4)를 고려한다.
· 관공서에서 결정되 적산기준에 준하여 실시한다.

▨ 시공상의 유의점

· 시공에 있어서는 공통사항 1), 6)을 고려한다.
· 능선이 되도록 시공한다.
· 합단이 맞춰지도록 가공하면서 시공한다.
· 돌의 표면이 오염되지 않도록 주의하여 시공한다.

▨ 사용석재

테두리잡할석시공은 잡할석은 다음과 같지만 설계도에 의해 잡할설(조경용)을 사용하는 경우도 있다.

〈잡 할 석〉

1) 형태는 면이 거의 정방형에 가깝고, 각 능변 및 대각선의 길이는 버팀길이의 약 3분의 2로 한다.

2) 치수는 다음과 같다.

종 류	버팀길이(cm)
30잡할석	30이상
35잡할석	35이상
40잡할석	40이상
45잡할석	45이상
50잡할석	50이상
55잡할석	55이상

3) 품질은 강도, 내구성으로 치수의 부정확, 휨, 균열, 푸석거김, 흠, 패임이 거의 없는 것

▨ 테두리잡할석 시공순서

시공순서는 표준적인 것이 있고, 현장조건 등에 따라 크게 변화한다.

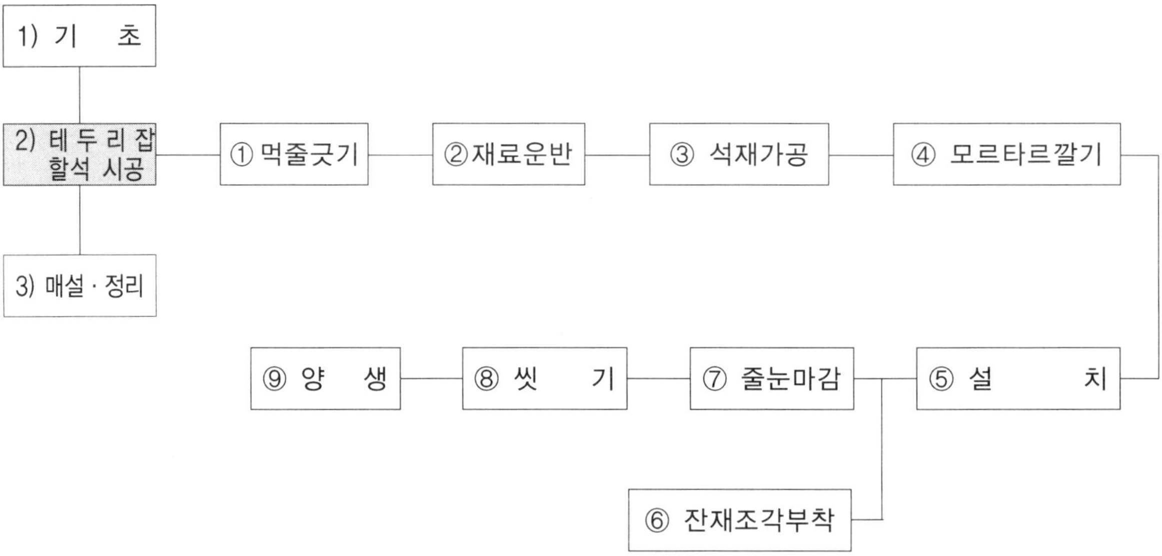

▨ 시공순서별 작업내용

1) 기　　초 ……………… 굴삭, 바닥부착, 막부순돌노반, 콘크리트기초 등의 기초에 관한 일련의 작업

2) 테두리잡할석시공 …… 먹줄긋기에서 설치, 양생까지의 테두리설치에 관한 모든 작업
   ① 먹줄긋기 ………… 시공범위, 마감높이의 먹줄긋기작업
   ② 재료운반 ………… 사용재료의 현장 하역장소 등에서부터 시공현장까지의 운반작업으로 운반거리 20m정도
   ③ 석재가공 ………… 임시 설치의 먹줄긋기에 의해 석재를 가공하는 작업
   ④ 모르타르깔기 …… 균일모르타르깔기작업
   ⑤ 설　　치 ………… 가공한 석재를 설치하는 작업
   ⑥ 잔재조각부착 …… 가공한 합단재 등의 조각부착작업
   ⑦ 줄눈마감 ………… 줄눈 모르타르채움
   ⑧ 씻　　기 ………… 표면에 부착한 모르타르 등을 제거하는 작업
   ⑨ 양　　생 ………… 출입 방지책 등의 설치 및 시트에 의한 양생작업

3) 매설 · 정리 ………… 완료 후의 매설 · 정리에 관한 작업

▨ 표준도

평 면 도

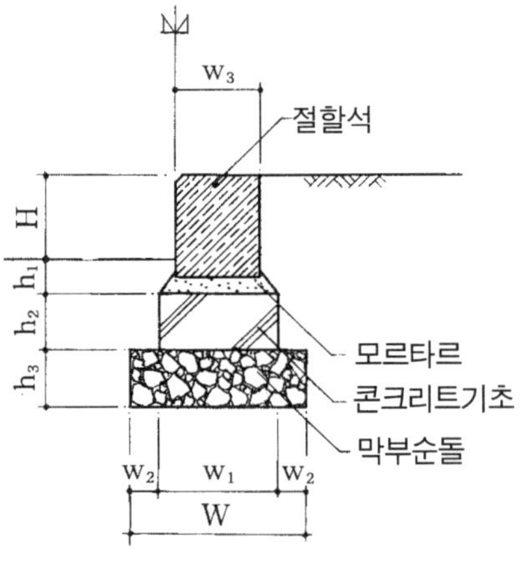

단 면 도

＊알파벳 기호는 주요한 치수를 표시한다.

▨ 시공사례

정의

· 테두리절석 시공은 절각석을 사용한 테두리석으로 높이를 가지런히 설치하는 것
· 가공면에 따라 2면가공과 3면가공이 있고, 표면가공의 차이에 따라 다종으로 불린다.
· 원칙적으로 합단의 맞춤폭은 규정되어 있지 않지만 줄눈폭은 10mm이하로 한다.

설계상의 유의점

· 설계에 있어서는 공통사항 1)~4), 7), 9)~15), 18)을 고려한다.
· 테두리석의 단면형상은 다른 구조물과의 관계를 고려하여 결정한다.
· 석재의 표면마감을 명기한다.

적산상의 유의점

· 적산에 있어서는 공통사항 1)~4)를 고려한다.
· m당 견적으로 한다.

시공상의 유의점

· 시공에 있어서는 공통사항 1), 6)을 고려한다.
· 천단이 수평이고 능선이 통할수 있게 시공한다.
· 돌의 표면이 오염되지 않도록 주의하여 시공한다.

▨ 사용석재

· 테두리절석 시공에 사용하는 절각석은 다음과 같지만 설계의도에 따라 절각석(조경용)을 사용하는 경우도 있다.

비산이나 숏블라스트 등과 각종 표면마감을 하여 사용한다.

〈절 각 석〉

1) 형태는 폭이 두께의 3배미만인 길이를 가진 것

2) 치수는 다음과 같다.

종 류	두께(cm)	폭(cm)	길이(cm)
12의 15	12	15	91,100,150
15의 18	15	18	
15의 21	15	21	
15의 24	15	24	
15의 30	15	30	
18의 30	18	30	

*두께와 폭에서는 길이쪽을 폭으로 한다.

3) 품질은 치수의 부정확, 깎음, 균열, 얼룩, 푸석거림. 흠집, 패임 등의 결점이 거의 없는 정도로 1~3등급으로 구분한다.

▨ 테두리절석 시공순서

시공순서는 표준적인 것이 있고, 현장조건 등에 따라 크게 변화한다.

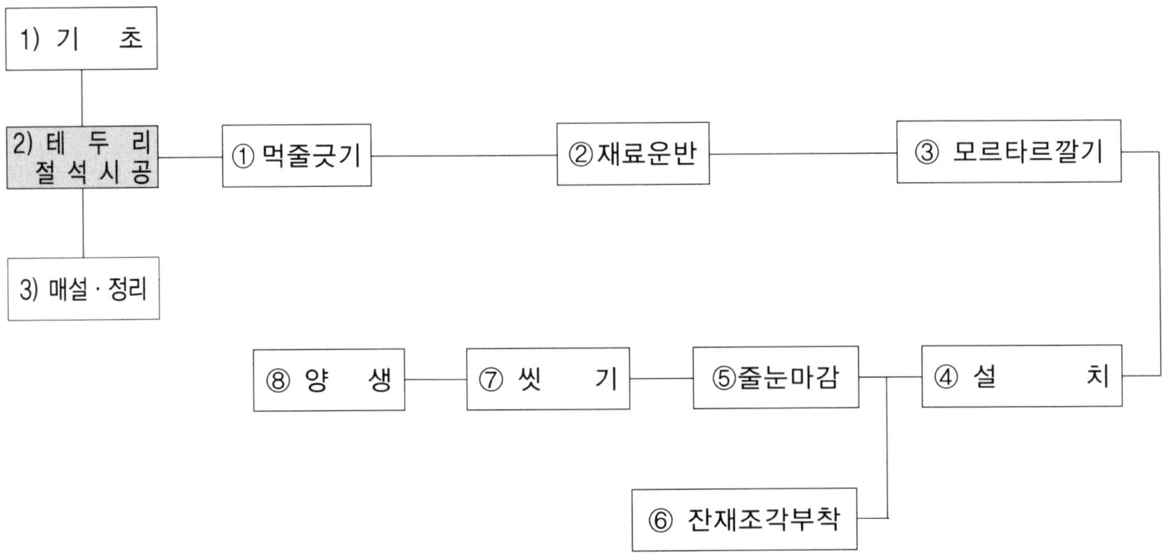

▨ 시공순서별 작업내용

1) 기　　초 …………… 굴삭, 바닥부착, 막부순돌노반, 콘크리트기초 등의 기초에 관한 일련의 작업

2) 테두리절석시공 …… 먹줄긋기에서 설치, 양생까지의 테두리설치에 관한 모든 작업
   ① 먹줄긋기 ………… 시공범위, 마감높이의 먹줄긋기작업
   ② 재료운반 ………… 사용재료의 현장 하역장소 등에서부터 시공현장까지의 운반작업으로 운반거리 20m정도
   ③ 모르타르깔기 …… 균일모르타르깔기작업
   ④ 설　　치 ………… 가공한 석재를 설치하는 작업
   ⑤ 잔재조각부착 …… 가공한 합단재 등의 조각부착작업
   ⑥ 줄눈마감 ………… 줄눈 모르타르채움
   ⑦ 씻　　기 ………… 표면에 부착한 모르타르 등을 제거하는 작업
   ⑧ 양　　생 ………… 출입 방지책 등의 설치 및 시트에 의한 양생작업

3) 매설 · 정리 ………… 완료 후의 매설 · 정리에 관한 작업

▨ 표준도

스 케 치

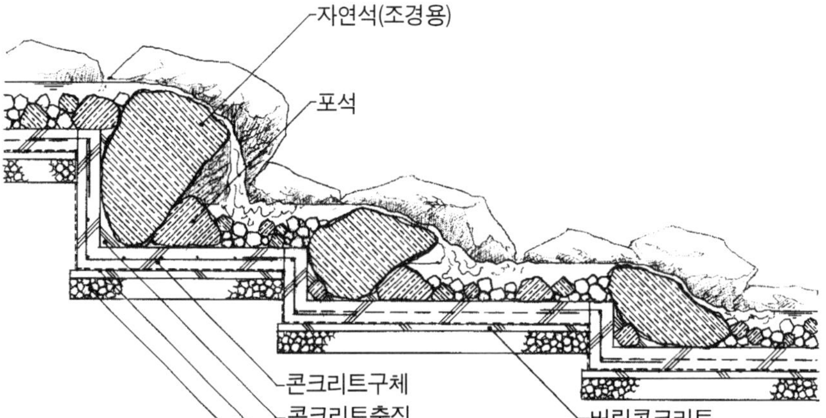

단 면 도

스 케 치

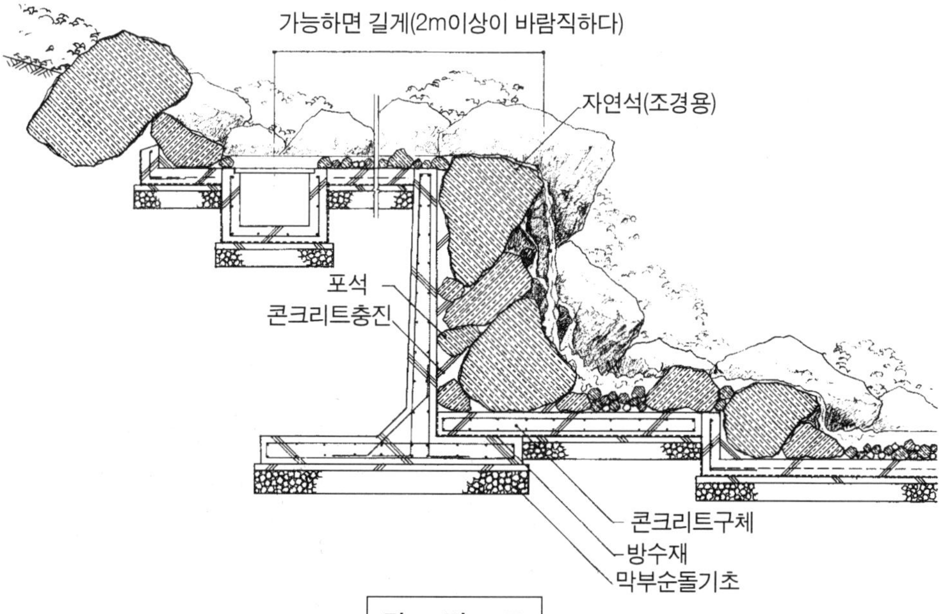

단 면 도

▨ 시공사례

정의

· 폭포석시공은 주로 자연석(조경용)을 사용하여 폭포를 만드는 형으로 돌을 조립하여 물의 흐름, 움직임을 예상하고 정원과의 조화를 이룬 초월적인 돌의 짜맞춤을 실시하는 것
· 폭포는 실제로 물을 흐르게 하는 경우와 흐르지 않는 고인 폭포의 경우가 있다.
· 물의 낙하법에 따라 향락(마주보는 낙하), 편락(한쪽낙하), 운락(유도낙하), 이락(흩어짐낙하), 절벽낙하, 표면낙하, 실낙하, 이중락(겹침낙하) 등이 있다.

설계상의 유의점

· 설계에 있어서는 공통사항 1)~4), 7~12), 19)를 고려한다.
· 주로 자연석(조경용)을 사용하기 때문에 설계자의 의도가 전달됨으로 평면도에 예상되는 돌의 위치, 크기를 명기하고, 표준단면, 스케치, 시방으로 돌의 사용법을 명시한다.
· 석재의 원석명을 명기한다.
· 석재의 예상되는 형태치수, 수량을 명기한다.
· 시공상 인조석이 필요한 경우가 있으므로 단면도에 명시한다.

적산상의 유의점

· 적산에 있어서는 공통사항 1)~4)를 고려한다.
· 관공서의 적산기준에 준하여 적산한다. 한가지 서식의 견적이 가능하다면 바람직하다.
· 인조석의 수량은 사용석재의 10%정도로 예상하여 설계한다.

시공상의 유의점

· 시공에 있어서는 공통사항 1), 4), 9)을 고려한다.
· 설계자의 의도를 충분히 이해하고 전체의 경관을 고려하면서 시공한다.
· 수면, 수세를 예상하여 시공한다.
· 돌의 시공은 돌과 돌이 2점 이상 위아래 어긋나도록 시공한다.
· 돌을 상하게 하거나 오염되지 않도록 주의하여 시공한다.
· 흙고정인 경우에는 충분히 다짐하여 시공한다.
· 석재의 검사 및 시공에는 설계자의 입회가 바람직하다.
· 기성품형관리는 사용석재의 대관에 의한 사용총중량으로 실시하도록 한다.

▨ 사용석재

· 할판석 붙임에 사용하는 할판석은 다음과 같지만 설계도에 따라 할판석(수경용)을 사용하는 것이 있다.

〈 자 연 석 〉

1) 형태는 자연그대로인 것이므로 지극히 편평하거나 가늘고 길지 않은 것
2) 치수는 대략 25cm이상인 것.
3) 품질은 균열 등 인위적인 결점이 거의 없는 것

〈 막 석 〉

1) 형태는 자연그대로인 것이므로 비교적 편평한 면을 갖거나 평평하지 않은 것
2) 치수는 대략 5~25cm정도의 것으로 일반적으로는 5~15cm인 것이 사용된다.
3) 품질은 균열 등 인위적인 결점이 거의 없는 것

▨ 폭포석 시공순서

시공순서는 표준적인 것이 있고, 현장조건 등에 따라 크게 변화된다.

다음 표에 *표시로 표현된 부분은 시공상 특별히 조경적 배려를 요하는 조경공사에 특징적인 작업내용을 표시한다.

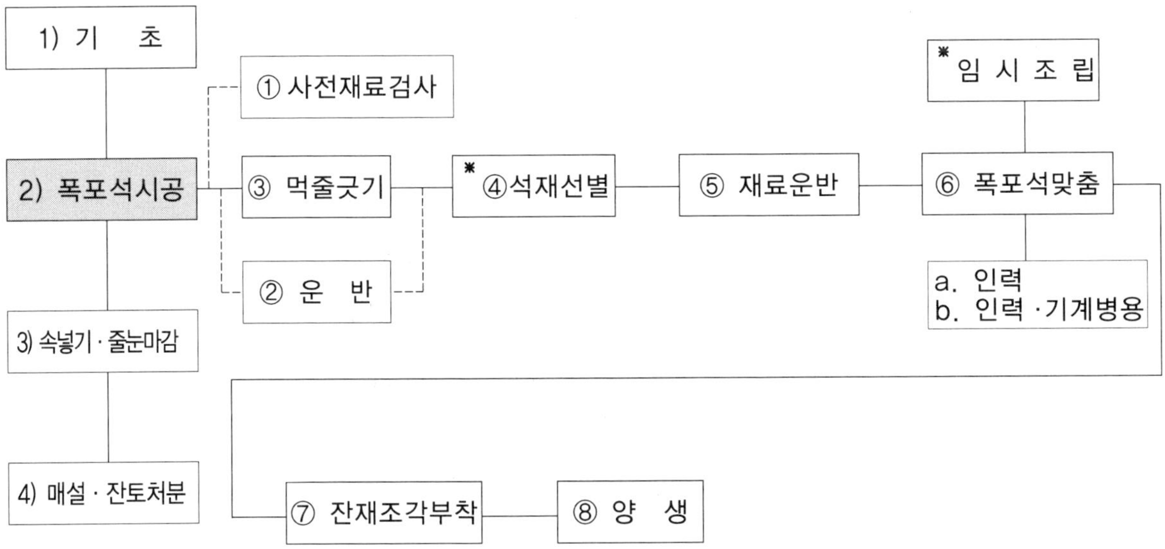

▨ 시공순서별 작업내용

1) 기　　초 …………… 굴삭, 바닥작업 및 폭포의 기초공사(콘크리트구체, 방수공사 등)

2) 폭포석시공 ………… 석재를 조합으로 맞춰가면서 폭포를 석조로 조합하는 작업

① 사전재료검사 …… 재료의 현장반입에 앞서 사전에 산지 또는 재료매장에서 형태 · 색 · 중량 등을 검사하는 작업. 폭포의 마구리석으로는 대강 이 단계로 예상하여 둔다.

② 운　　반 ………… 사용재료의 현장 하역장소 등에서부터 시공현장까지의 운반작업으로 운반크레인부착트럭으로 실시한다.

③ 먹줄긋기 ………… 폭포구 등의 위치, 높이 등을 만드는 작업

*④ 석재선별 ………… 반입한 재료에서 설계도 시공도를 토대로 석재의 예상과 전체적인 예상을 고려하여 선별하는 작업

⑤ 재료운반 ………… 선별한 재료를 하역장소에서부터 시공장소까지 운반하는 작업. 원칙적으로 하역장소에서의 물건쌓기는 기계로, 시공장소에서는 인력과 인력 · 기계병용으로 구분한다.

*⑥ 폭포석맞춤 ……… 선별한 석재를 물의 흐름이나 수면을 예정하여 폭포의 구성이나 조경이나 경치를 고려해가면서 시공하는 작업으로 인력과 인력 · 기계병용으로 구분한다.조정으로 인한 작업을 수회 반복한다.

⑦ 잔재조각설치 …… 돌조립후 잔석을 조각부착운반하는 작업

⑧ 양　　생 ………… 조립후 석재의 청소와 후부착작업으로 오염을 방기하기 위해 시트 등으로 양생을 포함한다.

3) 속넣기 · 줄눈마감 … 조립후 석재의 속넣기작업(콘크리트 · 잡석 등)으로 필요에 따라 합단의 모르타르채움 및 줄눈마감 등의 작업을 포함한다.
*돌의 조립 높이가 높은 경우 등 2) 및 3)의 작업은 반복한다.

4) 매설 · 잔토처분 …… 속놓기를 완료한 다음 매설작업 및 주변 20m이내에 균일깔기하는 작업과 장외반출로 구분된다. 즉 장외반출의 경우는 쌓기까지의 작업

▨ 표준도

스 케 치

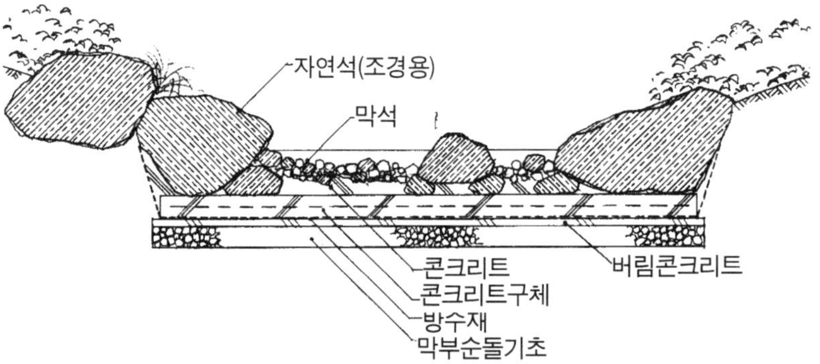
자연석(조경용)
막석
콘크리트
버림콘크리트
콘크리트구체
방수재
막부순돌기초

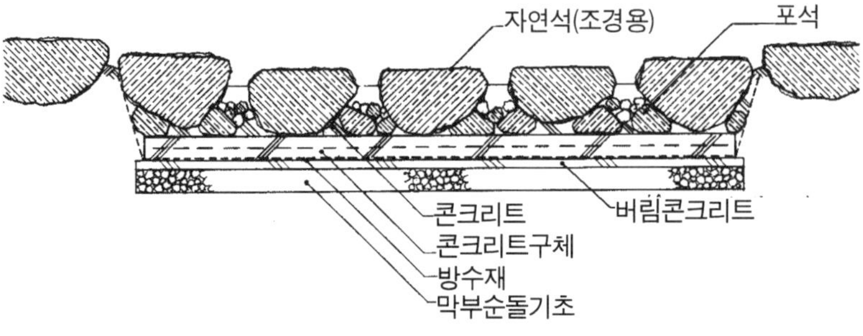
자연석(조경용)
포석
콘크리트
버림콘크리트
콘크리트구체
방수재
막부순돌기초

단 면 도

▨ 시공사례

▨ 정의

- 흐름석 시공은 주로 자연석(조경용)을 사용하여 흐름형태를 만들어 돌조립하여 정원에 조화를 이룬 초월한 돌시공을 실시한 것.
- 석재는 오로지 미관을 위하여 흐름테두리부의 구체가 보이지 않도록 설치한다.
- 흐름은 실제로 물이 흐르는 경우와 흐르지 않는 경우가 있다.

▨ 설계상의 유의점

- 설계에 있어서는 공통사항 1)~4), 7)~12), 19)를 고려한다.
- 주로 자연석(조경용)을 사용하기 때문에 설계자의 의도가 전달됨으로 평면도에 예상되는 돌의 위치, 크기를 명기하고, 표준단면, 스케치, 시방으로 돌의 사용법을 명시한다.
- 석재의 원석명을 명기한다.
- 석재의 예상되는 형태치수, 수량을 명기한다.
- 시공상 인조석이 필요한 경우가 있으므로 단면도에 명시한다.

▨ 적산상의 유의점

- 적산에 있어서는 공통사항 1)~4)를 고려한다.
- 관공서의 적산기준에 준하여 적산한다. 한가지 서식의 견적이 가능하다면 바람직하다.
- 인조석의 수량은 사용석재의 10%정도로 예상하여 설계한다.

▨ 시공상의 유의점

- 시공에 있어서는 공통사항 1), 9)을 고려한다.
- 설계자의 의도를 충분히 이해하고 전체의 경관을 고려하면서 시공한다.
- 수면, 수세를 예상하여 시공한다.
- 돌의 시공은 돌과 돌이 2점 이상 위아래 어긋나도록 시공한다.
- 돌을 상하게 하거나 오염되지 않도록 주의하여 시공한다.
- 흙고정인 경우에는 충분히 다짐하여 시공한다.
- 석재의 검사 및 시공에는 설계자의 입회가 바람직하다.
- 기성품형관리는 사용석재의 대관에 의한 사용총중량으로 실시하도록 한다.

사용석재

· 흐름석 시공에 사용하는 자연석(수경용), 막석은 다음과 같지만 설계자의 의도에 따라 할석 등을 사용하는 경우가 있다.

〈 자연석 〉

1) 형태는 자연그대로인 것이므로 지극히 편평하거나 가늘고 길지 않은 것
2) 치수는 대략 25cm이상인 것.
3) 품질은 균열 등 인위적인 결점이 거의 없는 것

〈 막 석 〉

1) 형태는 자연그대로인 것이므로 비교적 편평한 면을 갖거나 평평하지 않은 것
2) 치수는 대략 5~25cm정도의 것으로 일반적으로는 5~15cm인 것이 사용된다.
3) 품질은 균열 등 인위적인 결점이 거의 없는 것

▨ 흐름석조립 시공순서

시공순서는 표준적인 것이 있고, 현장조건 등에 따라 크게 변화된다.

다음 표에 ∗표시로 표현된 부분은 시공상 특별히 조경적 배려를 요하는 조경공사에 특징적인 작업내용을 표시한다.

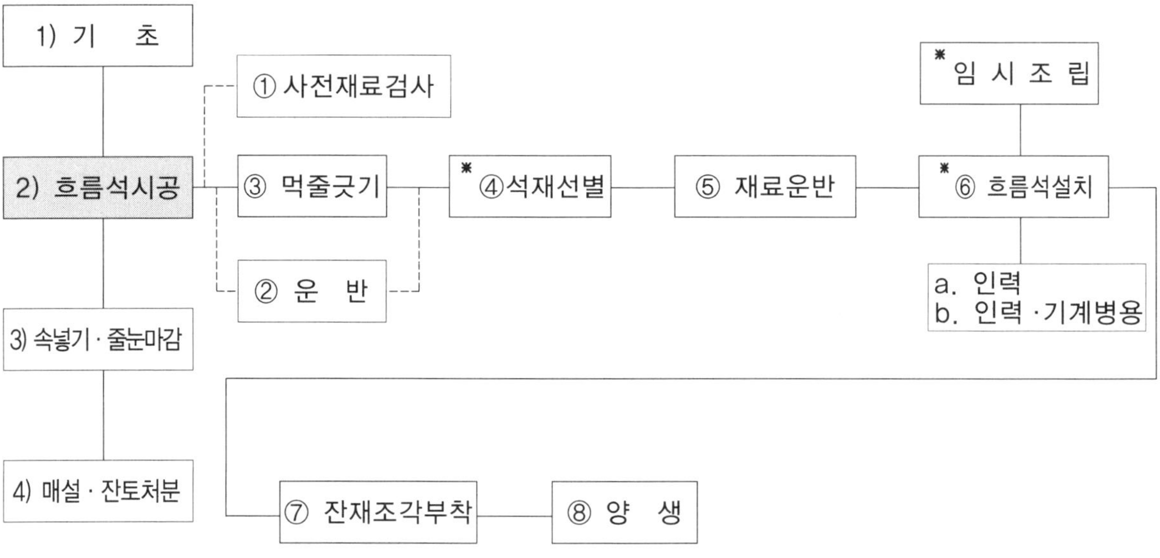

▨ 시공순서별 작업내용

1) 기　　초 ··············· 굴삭, 바닥작업 및 폭포의 기초공사(콘크리트구체, 방수공사 등)

2) 흐름석시공 ············ 석재를 조합으로 맞춰가면서 폭포를 석조로 조합하는 작업

① 사전재료검사 ······ 재료의 현장반입에 앞서 사전에 산지 또는 재료매장에서 형태 · 색 · 중량 등을 검사하는 작업. 폭포의 마구리석으로는 대강 이 단계로 예상하여 둔다.

② 운　　반 ············ 사용재료의 현장 하역장소 등에서부터 시공현장까지의 운반작업으로 운반크레인부착트럭으로 실시한다.

③ 먹줄긋기 ············ 흐름 작은 폭포 등의 위치, 높이 등을 만드는 작업

*④ 석재선별 ············ 반입한 재료에서 설계도 시공도를 토대로 석재의 예상과 전체적인 예상을 고려하여 선별하는 작업

⑤ 재료운반 ············ 선별한 재료를 하역장소에서부터 시공장소까지 운반하는 작업. 원칙적으로 하역장소에서의 물건쌓기는 기계로, 시공장소에서는 인력과 인력 · 기계병용으로 구분한다.

*⑥ 흐름석설치 ········ 선별한 석재를 물의 흐름이나 조경과 땅의 모양을 고려하면서 조립하는 작업으로 인력과 인력 · 기계병용으로 구분한다.조정으로 인한 작업을 수회 반복한다.

⑦ 잔재조각설치 ······ 돌조립후 잔석을 조각부착운반하는 작업

⑧ 양　　생 ············ 조립후 석재의 청소와 후 부착작업으로 오염을 방기하기 위해 시트 등으로 양생을 포함한다.

3) 속넣기 · 줄눈마감····· 조립후 석재의 속넣기작업(콘크리트 · 잡석 등)으로 필요에 따라 합단의 모르타르채움 및 줄눈마감 등의 작업을 포함한다.

*돌의 조립 높이가 높은 경우 등 2) 및 3)의 작업은 반복한다.

4) 매설 · 잔토처분 ······ 속놓기를 완료한 다음 매설작업 및 주변 20m이내에 균일깔기하는 작업과 장외반출로 구분된다. 즉 장외반출의 경우는 쌓기까지의 작업

표준도

스 케 치

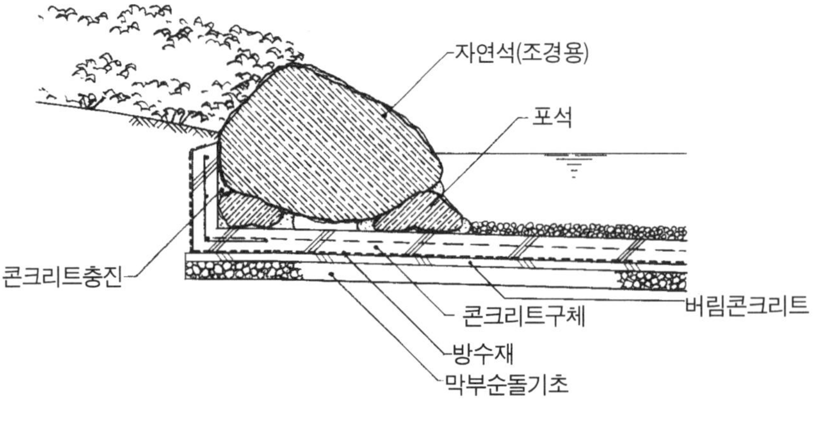

단 면 도

▨ 시공사례

정의

· 호안석 시공은 주로 자연석(조경용)을 사용하여 연못의 호안을 만드는 돌조립으로 정원에 조화를 이룬 초월한 돌시공을 실시한 것.
· 석재는 오로지 미관이 목적이므로 연못테두리부의 구체가 보이지 않도록 설치한다.

설계상의 유의점

· 설계에 있어서는 공통사항 1)~4), 7)~12), 19)를 고려한다.
· 주로 자연석(조경용)을 사용하기 때문에 설계자의 의도가 전달됨으로 평면도에 예상되는 돌의 위치, 크기를 명기하고, 표준단면, 스케치, 시방으로 돌의 사용법을 명시한다.
· 석재의 원석명을 명기한다.
· 석재의 예상되는 형태치수, 수량을 명기한다.
· 시공상 인조석이 필요한 경우가 있으므로 단면도에 명시한다.

적산상의 유의점

· 적산에 있어서는 공통사항 1)~4)를 고려한다.
· 관공서의 적산기준에 준하여 적산한다. 한가지 서식의 견적이 가능하다면 바람직하다.
· 인조석의 수량은 사용석재의 10%정도로 예상하여 설계한다.

시공상의 유의점

· 시공에 있어서는 공통사항 1), 9)을 고려한다.
· 설계자의 의도를 충분히 이해하고 전체의 경관을 고려하면서 시공한다.
· 수면, 수세를 예상하여 시공한다.
· 돌의 시공은 돌과 돌이 2점 이상 위아래 어긋나도록 시공한다.
· 돌을 상하게 하거나 오염되지 않도록 주의하여 시공한다.
· 흙고정인 경우에는 충분히 다짐하여 시공한다.
· 석재의 검사 및 시공에는 설계자의 입회가 바람직하다.
· 기성품형관리는 사용석재의 대관에 의한 사용총중량으로 실시하도록 한다.

▨ 사용석재

· 호안석 시공에 사용하는 자연석(수경용), 막석은 다음과 같지만 설계자의 의도에 따라 할석 등을 사용하는 경우가 있다.

〈 자연석 〉

1) 형태는 자연그대로인 것이므로 지극히 편평하거나 가늘고 길지 않은 것
2) 치수는 대략 25cm이상인 것.
3) 품질은 균열 등 인위적인 결점이 거의 없는 것

〈 막 석 〉

1) 형태는 자연그대로인 것이므로 비교적 편평한 면을 갖거나 평평하지 않은 것
2) 치수는 대략 5~25cm정도의 것으로 일반적으로는 5~15cm인 것이 사용된다.
3) 품질은 균열 등 인위적인 결점이 거의 없는 것

▨ 호안석조립 시공순서

시공순서는 표준적인 것이 있고, 현장조건 등에 따라 크게 변화된다.

다음 표에 ＊표시로 표현된 부분은 시공상 특별히 조경적 배려를 요하는 조경공사에 특징적인 작업내용을 표시한다.

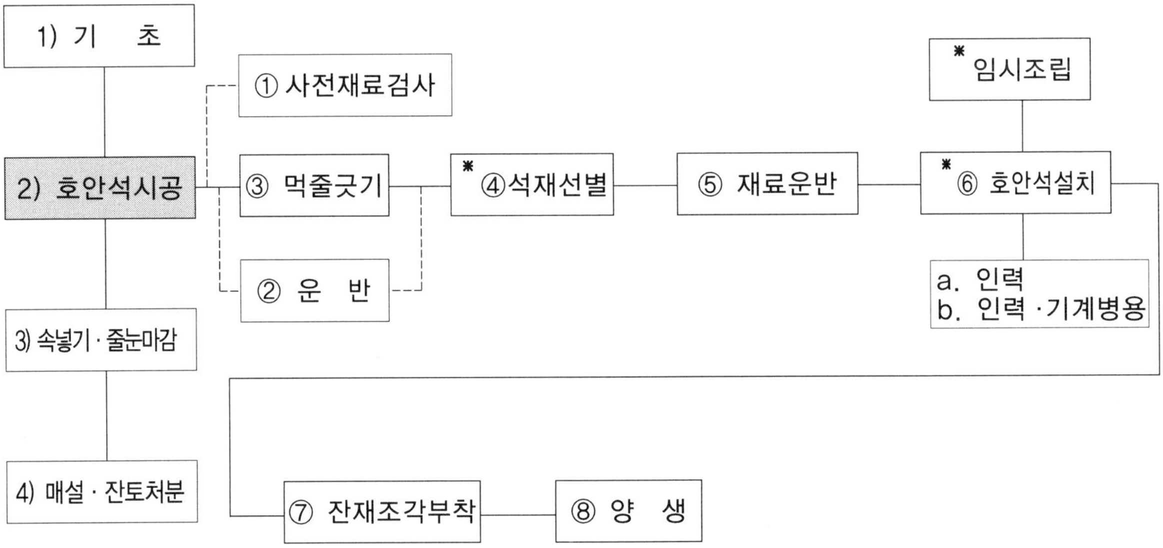

▨ 시공순서별 작업내용

1) 기　　초 ……………… 굴삭, 바닥작업 및 폭포의 기초공사(콘크리트구체, 방수공사 등)

2) 호안석시공……………석재를 조합으로 맞춰가면서 폭포를 석조로 조합하는 작업

① 사전재료검사 …… 재료의 현장반입에 앞서 사전에 산지 또는 재료매장에서 형태 · 색 · 중량 등을 검사하는 작업. 폭포의 마구리석으로는 대강 이 단계로 예상하여 둔다.

② 운　　반 ………… 사용재료의 현장 하역장소 등에서부터 시공현장까지의 운반작업으로 운반크레인부착트럭으로 실시한다.

③ 먹줄긋기 ………… 호안의 위치, 높이 등을 만드는 작업

*④ 석재선별 ………… 반입한 재료에서 설계도 시공도를 토대로 석재의 예상과 전체적인 예상을 고려하여 선별하는 작업

⑤ 재료운반 ………… 선별한 재료를 하역장소에서부터 시공장소까지 운반하는 작업. 원칙적으로 하역장소에서의 물건쌓기는 기계로, 시공장소에서는 인력과 인력 · 기계병용으로 구분한다.

*⑥ 호안석설치 ……… 선별한 석재를 물의 흐름이나 조경과 땅의 모양을 고려하면서 조립하는 작업으로 인력과 인력 · 기계병용으로 구분한다.조정으로 인한 작업을 수회 반복한다.

⑦ 잔재조각설치 …… 돌조립후 잔석을 조각부착운반하는 작업

⑧ 양　　생 ………… 조립후 석재의 청소와 후부착작업으로 오염을 방기하기 위해 시트 등으로 양생을 포함한다.

3) 속넣기 · 줄눈마감 … 조립후 석재의 속넣기작업(콘크리트 · 잡석 등)으로 필요에 따라 합단의 모르타르채움 및 줄눈마감 등의 작업을 포함한다.
*돌의 조립 높이가 높은 경우 등 2) 및 3)의 작업은 반복한다.

4) 매설 · 잔토처분 …… 속놓기를 완료한 다음 매설작업 및 주변 20m이내에 균일깔기하는 작업과 장외반출로 구분된다. 즉 장외반출의 경우는 쌓기까지의 작업

▨ 표준도

스 케 치

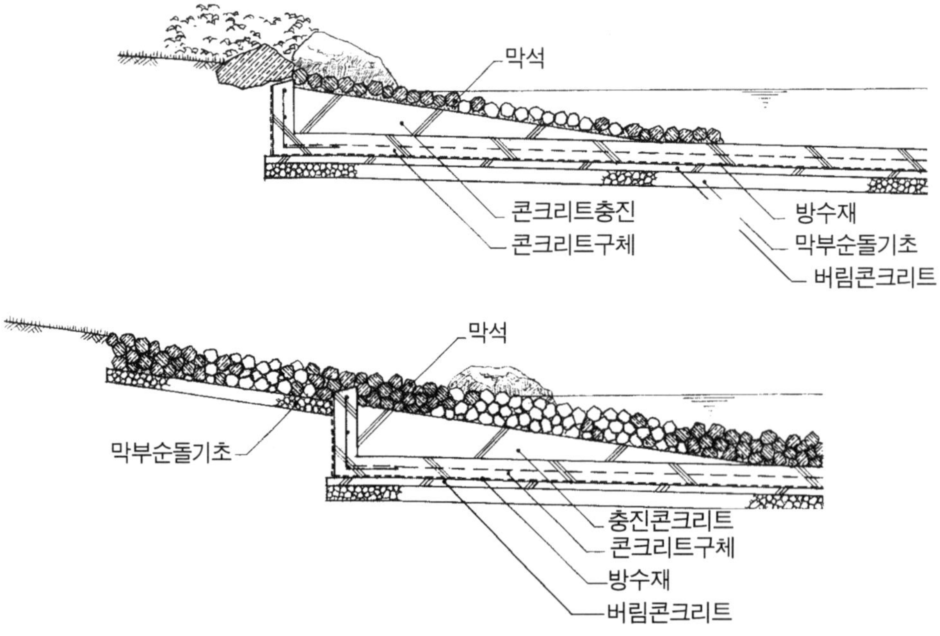
막석
콘크리트충진
콘크리트구체
방수재
막부순돌기초
버림콘크리트
막석
막부순돌기초
충진콘크리트
콘크리트구체
방수재
버림콘크리트

단 면 도

▨ 시공사례

정의

· 물가장자리석 시공은 주로 막석, 옥석(조경용), 잔자갈(조경용) 등을 사용하여 해안이나 하천에서의 토사가 쌓여서 물의 가장리의 미관을 정원으로 보여지도록 한 것이므로 석재를 연못, 흐르는 해안에 곡선형으로 깔아채우는 것

설계상의 유의점

· 설계에 있어서는 공통사항 1)~4), 7)~12), 19)를 고려한다.
· 주로 자연석(조경용)을 사용하기 때문에 설계자의 의도가 전달됨으로 표준단면, 스케치, 시방에서의 돌의 사용법을 명시한다.
· 물에 의한 굴절로 인해 지상부와 수중부의 물매를 고려한다.
· 붙임모양이 이해될 수 있도록 평면도를 부착한다.
· 붙임치수는 돌의 두께를 고려하여 결정한다.
· 석재의 원석명과 형태치수를 명기한다.
· 형태치수의 기술은 사용하는 석재가 치수적으로 폭이 있는 것을 고려하여 평균지름 ○~○cm라고 표기한다.

적산상의 유의점

· 적산에 있어서는 공통사항 1)~4)를 고려한다.
· m^2당 또는 한가지 견적이 가능하도록 하면 바람직하다.

시공상의 유의점

· 시공에 있어서는 공통사항 1), 6)을 고려한다.
· 설계자의 의도를 충분히 이해하고 전체의 경관을 고려하면서 시공한다.
· 물가장자리의 물매를 고려하여 시공한다.
· 돌의 표면이 오염되지 않도록 주의하여 시공한다.
· 석재의 검사 및 시공에는 설계자의 입회가 바람직하다.

사용석재

· 물가장자리에 사용하는 막석, 옥석, 잔자갈은 다음과 같다.

〈막 석〉

1) 형태는 자연그대로인 것이므로 비교적 편평한 면을 갖거나 평평하지 않은 것
2) 치수는 대략 5~25cm정도의 것으로 일반적으로는 5~15cm인 것이 사용된다.
3) 품질은 균열 등 인위적인 결점이 거의 없는 것

〈옥석(조경용)〉

1) 형태는 각이 마모되어 둥글어지고 형상은 대체로 계란형으로 너무 납작하거나 가늘고 길지 않은 것
2) 치수는 대체로 15~30cm 정도이고, 일반적으로는 15~20cm인 것이 사용된다.
3) 품질은 쪼개지지 않고 균열 등의 결점이 거의 없는 것

〈자갈(조경용)〉

1) 형태는 각이 마모된 마구리석
2) 치수는 대체로 5cm 이하인 것.
3) 품질은 조립토나 사질토를 갖지 않은 것

▨ 물가장자리 시공순서

시공순서는 표준적인 것이 있고, 현장조건 등에 따라 크게 변화한다.

다음 표에 *표시로 표현된 부분은 시공상 특별히 조경적 배려를 요하는 조경공사에 특징적인 작업내용을 표시한다.

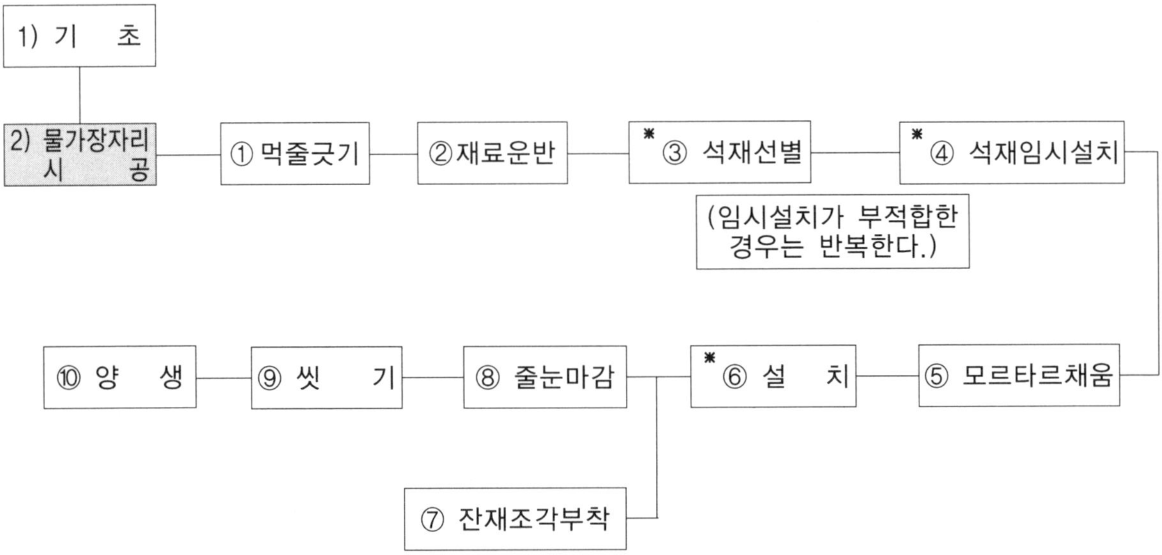

▨ 시공순서별 작업내용

1) 기　　초 ··············· 굴삭, 바닥부착, 클러시런노반, 콘크리트기초 등의 기초에 관한 일련의 작업

2) 물가장자리시공 ······ 먹줄긋기에서 설치까지의 작업으로 석재의 특미를 살린 돌붙임 작업
- ① 먹줄긋기 ··········· 시공범위, 물매, 마감높이의 먹줄긋기작업
- ② 재료운반 ··········· 사용재료의 현장 하역장소 등에서부터 시공현장까지의 운반작업으로 운반거리 20m정도
- *③ 석재선별 ··········· 조경적 모양을 고려하여 그 장소에 적합한 석재를 선출하는 작업
- *④ 석재임시설치 ······ 선별된 석재를 임시설치하여 아무림이 잘 되었는지를 판단하는 작업. 아물림이 나쁜 경우, 재도 재료선별에서부터 반복한다.
- ⑤ 모르타르깔기 ······ 균일모르타르깔기작업
- *⑥ 설　　치 ··········· 석재의 대소를 조합하여 평평한 면의 모양을 고려하고 설치하는 작업. 특히 석재로 가공을 가하지 가하지 않고 평평한 면을 골라서 하는 것이라서 재료선별 · 석재가치 · 석재임시설치 · 설치에 있어서 많은 잔손질을 요하는 작업
- ⑦ 잔재조각부착 ······ 자연석으로 조합했기 때문에 사용 수량 이상으로 예비수량을 반입하여 두고, 작업완료후 남은 석재를 조각부착하는 작업
- ⑧ 줄눈마감 ··········· 줄눈채움 작업으로 모르타르 치장줄눈 또는 모래줄눈으로 구분된다.
- ⑨ 씻　　기 ··········· 표면에 부착한 모르타르 등을 제거하는 작업으로 간단한 배수처리등을 포함한다.
- ⑩ 양　　생 ··········· 설치된 자연석제거와 오염을 방지하기 위한 시트 등에 의한 양생

▨ 표준도

스 케 치

단 면 도

스 케 치

▨ 표준시공사례

정의

· 경관석시공은 주로 자연석을 사용한 돌조립으로 한개 또는 여러재의 돌로 정원에 조화로운 배석을 실시한 것. 일반적으로 흙고정으로 한다.

설계상의 유의점

· 설계에 있어서는 공통사항 1)~4), 7~12)을 고려한다.
· 주로 자연의 거친석을 사용하기 때문에 설계자의 의도가 전달되는 것이므로 평면도에 예상되는 돌의 위치, 크기를 명기하고, 표준단면, 스케치, 시방서의 돌의 사용법을 명시한다.
· 석재의 원석명을 명기한다.
· 석재의 예상되는 형태치수, 수량을 명기하여 둔다.

적산상의 유의점

· 적산에 있어서는 공통사항 1)~4)를 고려한다.
· 관공서의 적산기준에 준해서 적산한다. 한가지 서식이 가능하다면 바람직하다.

시공상의 유의점

· 시공에 있어서는 공통사항 1), 4)을 고려한다.
· 설계자의 의도를 충분히 이해하고 전체의 경관을 고려하면서 시공한다.
· 돌을 손상시키거나 오염되지 않도록 주의하여 시공한다.
· 흙고정인 경우에는 충분히 고정하여 시공한다.
· 석재의 검사 및 시공에는 설계자의 입회가 바람직하다.
· 기성품관리는 사용석재의 대관에 의한 사용 총중량으로 실시하도록 한다.

▨ 사용석재

· 경관석에 사용하는 자연석(조경용) 시공에 사용하는 막석은 다음과 같다.

〈 자연석 〉

1) 형태는 자연그대로인 것이므로 지극히 편평하거나 가늘고 길지 않은 것
2) 치수는 대략 25cm이상인 것.
3) 품질은 균열 등 인위적인 결점이 거의 없는 것

〈 막 석 〉

1) 형태는 자연그대로인 것이므로 비교적 편평한 면을 갖거나 평평하지 않은 것
2) 치수는 대략 5~25cm정도의 것으로 일반적으로는 5~15cm인 것이 사용된다.
3) 품질은 균열 등 인위적인 결점이 거의 없는 것

▨ 경관석의 시공순서

시공순서는 표준적인 것이 있고, 현장조건 등에 따라 크게 변화한다.

다음 표에 ＊표시로 표현된 부분은 시공상 특별히 조경적 배려를 요하는 조경공사에 특징적인 작업내용을 표시한다.

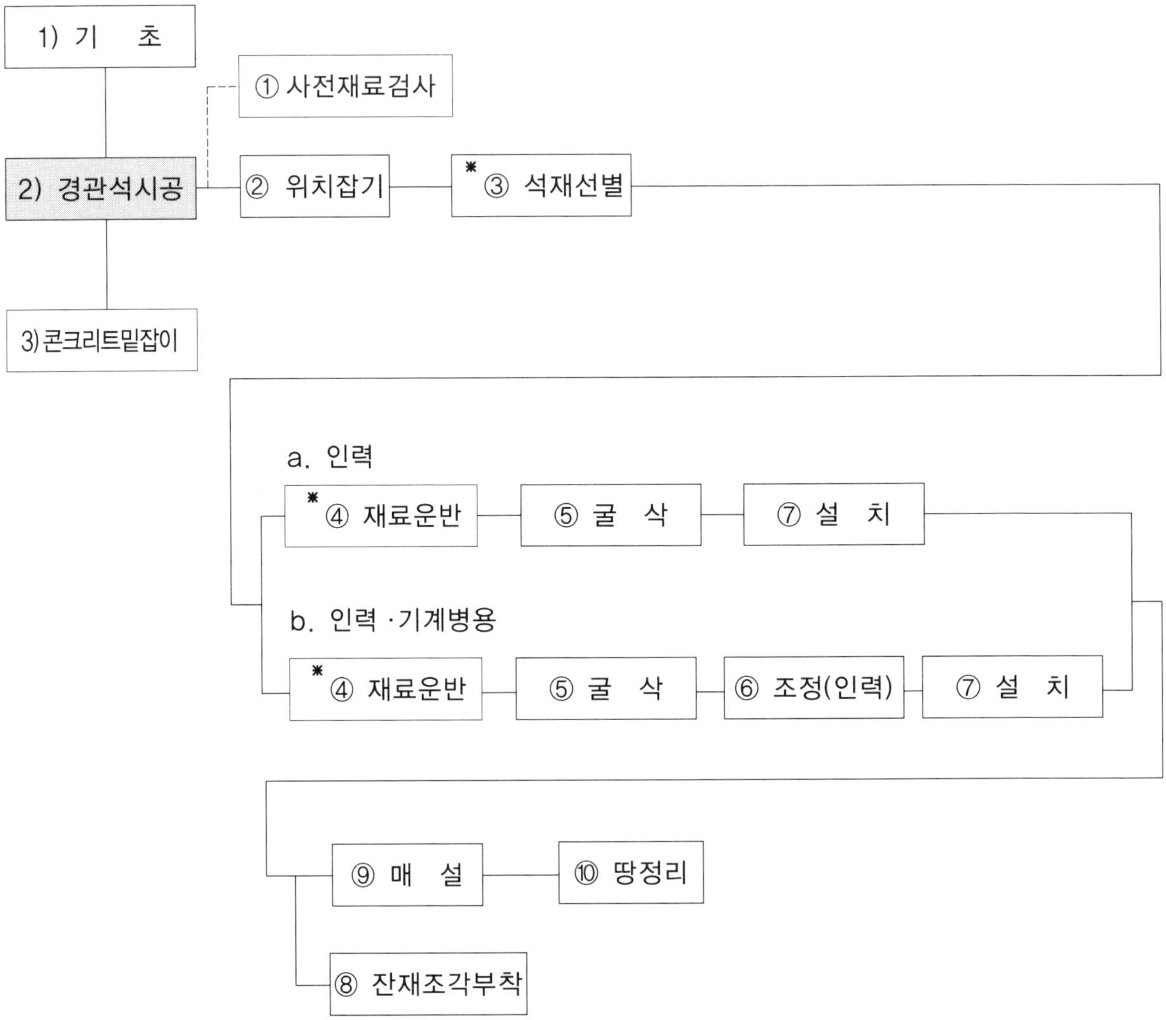

▨ 시공순서별 작업내용

1) 기 초 ·············· 굴삭, 바닥부착, 클러시런노반, 콘크리트기초 등의 기초에 관한 일련의 작업

2) 경관석시공·············· 공원 · 정원 등에서 경관을 만들기 위해 한개의 돌 또는 여러 개의 석재를 설치하는 작업

① 사전재료검사 ······ 재료의 현장반입에 앞서서 사전에 생산지 또는 재료채취장에서 형태 · 색 · 중량 등을 검사하는 작업

* ② 위치잡기 ··········· 조경적 배려로 인하여 설치장소 및 배치를 예상하여 위치를 잡는 작업

* ③ 석재선별 ··········· 위치잡는 작업과 일련의 작업으로 설계도에 표시된 크기 · 수 등의 확인을 실시하여 석재를 선별하는 작업

④ 재료운반 ··········· 사용재료의 현장 하역장소 등에서부터 시공현장까지의 운반작업으로 기계와 인력으로 구분된다. 운반거리는 일반적으로 20m정도

⑤ 굴 삭 ··········· 경관석의 밑잡이 부분의 굴삭을 실시하는 작업으로 석재의 자태에 맞추어 굴삭의 깊이 · 크기 등을 결정한다.

⑥ 조 정 ··········· 기계굴삭인 경우 인력에 따라 조정을 실시한다.

⑦ 설 치 ··········· 석재의 자태(천단, 미관 등)를 고려하여 설치하는 작업

⑧ 잔재조각부착 ······ 남은 석재를 조각부착하는 작업

⑨ 매 설 ··········· 설치한 석조의 주변을 매설, 다짐하는 작업

⑩ 땅정리 ··············· 주변의 땅정리작업

3) 콘크리트밑잡이 ······ 필요에 따라 콘크리트 등으로 고정하는 작업

▨ 표준도

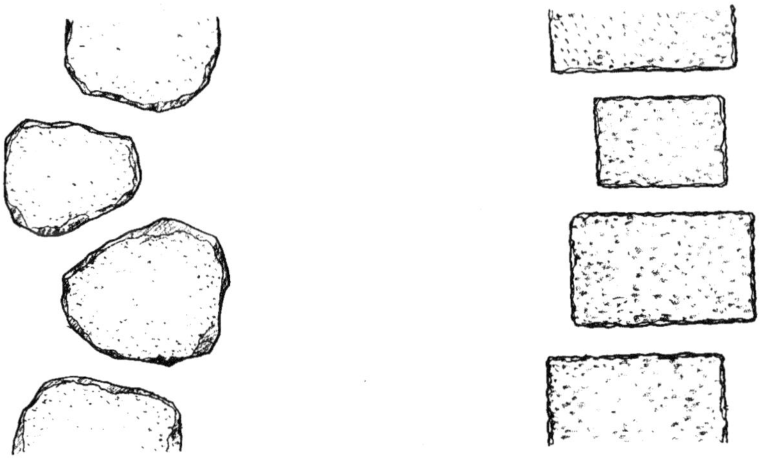

평 면 도

단 면 도

＊막부순돌기초를설치하는 경우도 있다.

▨ 시공사례

▨ 정의

· 징검다리석시공은 평평한 면을 가진 자연석(조경용), 자연평석, 할판석(조경용) 등을 사용하여 정원로가 비가 유입되더라도 복물과 착물의 설치가 오염되지 않도록 징검다리로 설치하는 것
· 징검다리 설치방법으로는 2연타, 3연타, 23연타,43연타, 지그재그타, 등이 있다.

▨ 설계상의 유의점

· 설계에 있어서는 공통사항 1)~4), 7)~12)을 고려한다.
· 설치방법을 명시한 평면도를 부착한다
· 역할석에 있어서는 그 내용을 명기한다.
· 석재의 입수가 가능한지 확인한다.
· 석재의 원석명과 형태치수를 명기한다.
· 형태치수의 기술은 사용석재가 치수적으로 폭이 있는 것을 고려하여 평균지름 ○~○cm라고 표시한다.

▨ 적산상의 유의점

· 적산에 있어서는 공통사항 1)~4)를 고려한다.
· 1개당 견적으로 한다. 한가지 견적이 가능하도록 하는 것이 바람직하다.

▨ 시공상의 유의점

· 시공에 있어서는 공통사항 1), 4)을 고려한다.
· 설계자의 의도를 충분히 이해하고 전체의 경관을 고려하면서 시공한다.
· 돌의 크고 작은 밸런스를 잘 고려하여 합단이 맞추도록 시공한다.
· 역할석을 선정, 설치하여 유의한다.
· 돌의 디딤면이 수평이 도도록 배려한다.
· 돌의 표면이 오염되지 않도록 주의하여 시공한다.
· 흙고정인 경우에는 충분히 다짐하여 시공한다.
· 석재의 검사 및 시공에는 설계자의 입회가 바람직하다.

▨ 사용석재

징검다리석 시공에 사용하는 석재에는 각종이 있디만 대표적인 것은 다음과 같다.

〈 자연석 〉

1) 형태는 자연그대로인 것이므로 지극히 편평하거나 가늘고 길지 않은 것
2) 치수는 대략 25cm이상인 것.
3) 품질은 균열 등 인위적인 결점이 거의 없는 것

〈 자연평석 〉

1) 형태는 자연그대로인 것이므로 비교적 편평한 것
2) 치수는 석종에 따라 다르다.
3) 품질은 가도, 내구적이고 푸석거림 등의 결점이 거의 없는 것

▨ 테두리옥석 시공순서

시공순서는 표준적인 것이 있고, 현장조건 등에 따라 크게 변화한다.

다음 표에 ∗표시로 표현된 부분은 시공상 특별히 조경적 배려를 요하는 조경공사에 특징적인 작업내용을 표시한다.

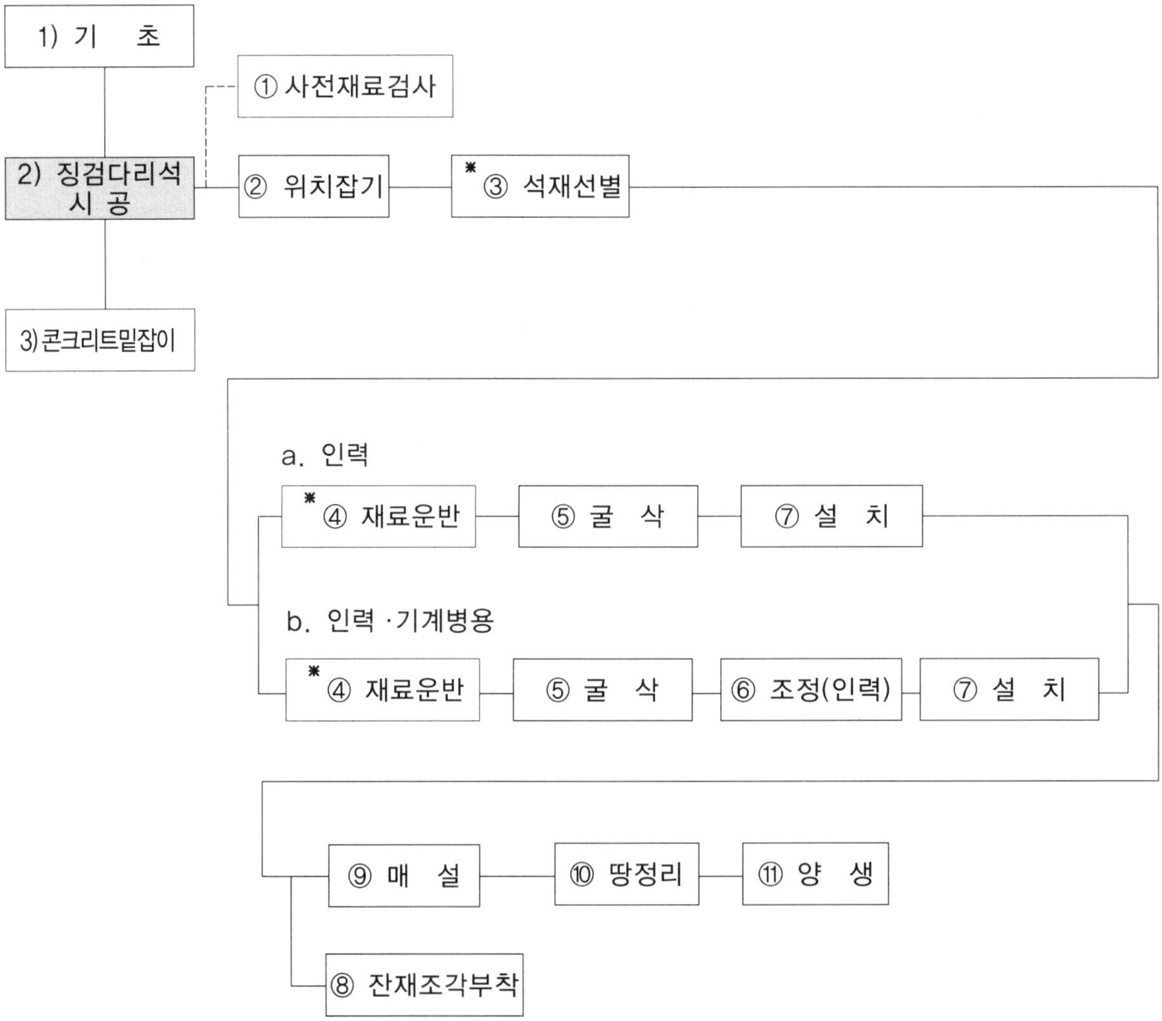

▨ 시공순서별 작업내용

1) 기　　초 ················ 굴삭, 바닥부착, 클러시런노반, 콘크리트기초 등의 기초에 관한 일련의 작업

2) 징검다리석시공 ······· 공원 · 정원 등에서 경관을 만들기 위해 한개의 돌 또는 여러 개의 석재를 설치하는 작업

① 사전재료검사 ······ 재료의 현장반입에 앞서서 사전에 생산지 또는 재료채취장에서 형태 · 색 · 중량 등을 검사하는 작업. 이 단계에서 역할석은 대부분 결정한다.

*② 위치잡기 ············ 조경적 배려로 인하여 설치장소 및 배치를 예상하여 위치를 잡는 작업

*③ 석재선별 ············ 위칭잡는 작업과 일련의 작업으로 설계도에 표시된 크기 · 수 등의 확인을 실시하여 석재를 선별하는 작업

④ 재료운반 ············ 사용재료의 현장 하역장소 등에서부터 시공현장까지의 운반작업으로 기계와 인력으로 구분된다. 운반거리는 일반적으로 20m정도

⑤ 굴　　삭 ············ 징검다리석의 밑잡이 부분의 굴삭을 실시하는 작업으로 석재의 자태에 맞추어 굴삭의 깊이 · 크기 등을 결정한다.

⑥ 조　　정 ············ 기계굴삭인 경우 인력에 따라 조정을 실시한다.

⑦ 설　　치 ············ 경관이나 건너뛰는 것을 고려하여 설치하는 작업

⑧ 잔재조각부착······· 남은 석재를 조각부착하는 작업

⑨ 매　　설 ············ 설치한 석조의 주변을 매설, 다짐하는 작업

⑩ 땅정리 ················ 주변의 땅정리작업

⑪ 양　　생 ············ 설치한 징검다리석의 청소, 필요에 따라 시트 등으로 양생을 실시하는 작업

3) 콘크리트밑잡이 ······· 필요에 따라 콘크리트 등으로 고정하는 작업

▨ 표준도

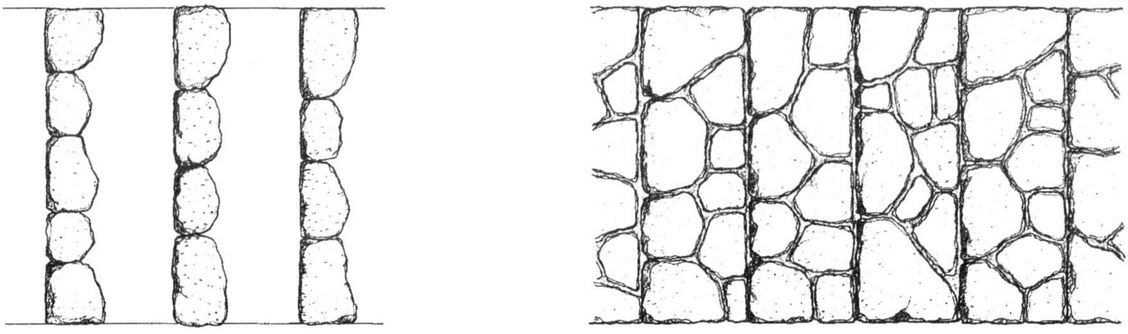

평 면 도

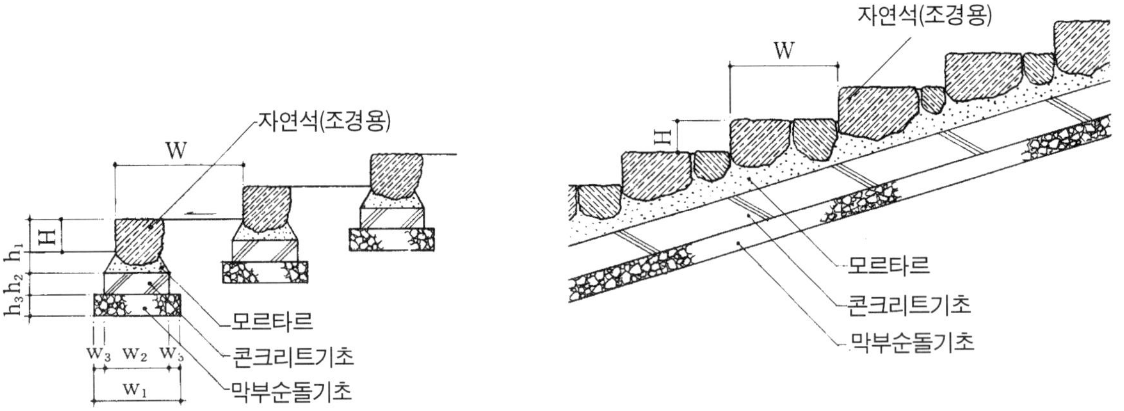

단 면 도

* 알파벳 기호는 주요한 치수를표시한다.

▨ 시공사례

정의

· 자연석계단시공은 주로 자연석(조경용)을 사용한 계단으로 단석부에는 각진 것을 디딤면부에는 면이 있는 것을 선별하여 조경적인 배려를 더해가면서 크고 작은 석재를 조합하여 설치한다.
· 원칙적으로 표면가공은 실시하지 않는다.

설계상의 유의점

· 설계에 있어서는 공통사항 1)~15), 17)을 고려한다.
· 계단의 단면형상은 시공장소, 시공성을 검토 중에 결정한다..
· 석재조합법을 명시한 평면도를 부착한다.
· 석재의 원석명과 형태치수를 명기한다.
· 형태치수의 기술은 자연석(조경석)을 치수적으로 폭이 있는 것을 고려하여 평균지름 ○~○cm라고 표시한다.
· 줄눈의 시방을 명기한다.

적산상의 유의점

· 적산에 있어서는 공통사항 1)~4)를 고려한다.
· 1계단당 또는 한가지 서식의 견적으로 한다.

시공상의 유의점

· 시공에 있어서는 공통사항 1)~4)을 고려한다.
· 돌의 크고 작은 밸런스를 잘 조합하여 시공한다.
· 단석이 되는 돌은 능선의 명확한 크기의 돌을 선택, 능선이 되도록 시공한다.
· 디딤면은 평탄한 돌의 표면을 사용하여 물구배를 고려하여 시공한다.
· 돌의 표면이 오염되지 않도록 주의하여 시공한다.
· 흙고정인 경우에는 충분히 다짐하여 시공한다.
· 석재의 검사 및 시공에는 설계자의 입회가 바람직하다.

▨ 사용석재

· 자연석 계단시공에 사용하는 자연석(조경용), 막석은 다음과 같다.

〈 자연석 〉

1) 형태는 자연그대로인 것이므로 지극히 편평하거나 가늘고 길지 않은 것
2) 치수는 대략 25cm이상인 것.
3) 품질은 균열 등 인위적인 결점이 거의 없는 것

〈 막 석 〉

1) 형태는 자연그대로인 것이므로 비교적 편평한 면을 갖거나 평평하지 않은 것
2) 치수는 대략 5~25cm정도의 것으로 일반적으로는 5~15cm인 것이 사용된다.
3) 품질은 균열 등 인위적인 결점이 거의 없는 것

▨ 자연석계단 시공순서

시공순서는 표준적인 것이 있고, 현장조건 등에 따라 크게 변화한다.

다음 표에 *표시로 표현된 부분은 시공상 특별히 조경적 배려를 요하는 조경공사에 특징적인 작업내용을 표시한다.

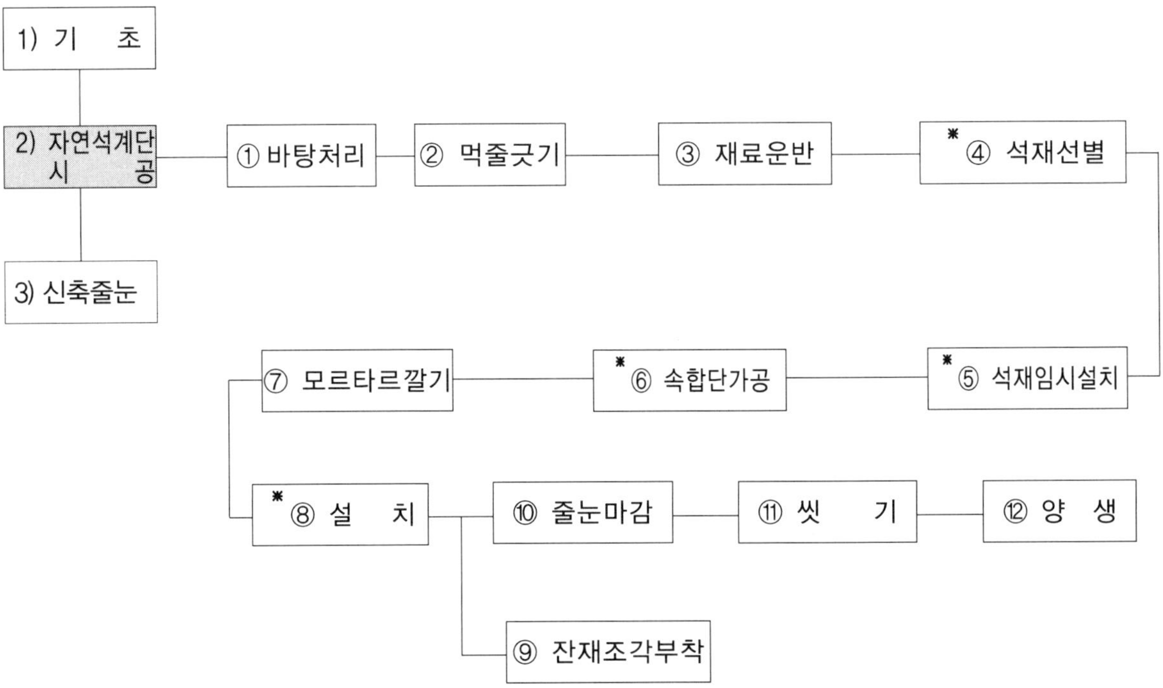

▨ 시공순서별 작업내용

1) 기　　초 …………… 굴삭, 바닥부착, 클러시런노반, 콘크리트기초 등의 기초에 관한 일련의 작업

2) 자연석 계단시공 …… 먹줄긋기에서 설치, 양생까지의 모든 작업

① 바탕처리 ………… 기초면 및 콘크리트기초면의 바탕처리작업

② 먹줄긋기 ………… 시공범위, 마감높이의 먹줄긋기작업

③ 재료운반 ………… 사용재료의 현장 하역장소 등에서부터 시공현장까지의 운반작업으로 운반거리 20m정도

*④ 석재선별 ………… 붙임모양을 고려하고 그 장소에 적합한 석재를 선별하는 작업

⑤ 석재임시설치 …… 선별된 석재를 임시설치하고 아무림이 좋은가를 판단하는 작업. 자연이기 때문에 아무림이 나쁠 경우,각도, 석재선별부터 반복한다.

*⑥ 속합단가공 ……… 석재의 외관면의 줄눈폭을 맞추기 위해 외관 숨은줄눈으로 가공을 실시하는 작업

⑦ 모르타르깔기 …… 균일모르타르깔기작업

*⑧ 설　　치 ………… 석재를 조경적으로 설치하는 작업

⑨ 잔재조각부착 …… 남은 석재를 조각부착하는 작업

⑩ 줄눈마감 ………… 줄눈 모르타르채움, 브러시 또는 줄눈 흙손 등으로 마감하는 작업

⑪ 씻　　기 ………… 표면에 부착한 모르타르 등을 제거하는 작업으로 간단한 배수처리등을 포함한다.

⑫ 양　　생 ………… 사람이 딪고 다녀서 뜬석 · 탈착 등이 발생하지 않도록 방호처리를 실시하는 작업

3) 신축줄눈 …………… 특기 등에 따라 기초 콘크리트의 신축줄눈에 맞춰서 시공하는 경우가 있다. 이 경우 줄눈넣는 작업

▨ 표준도

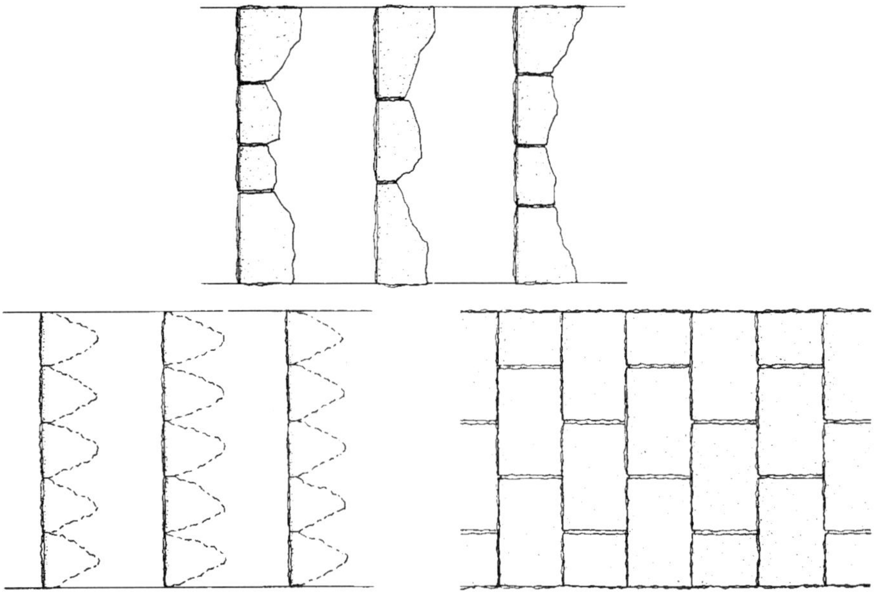

평 면 도

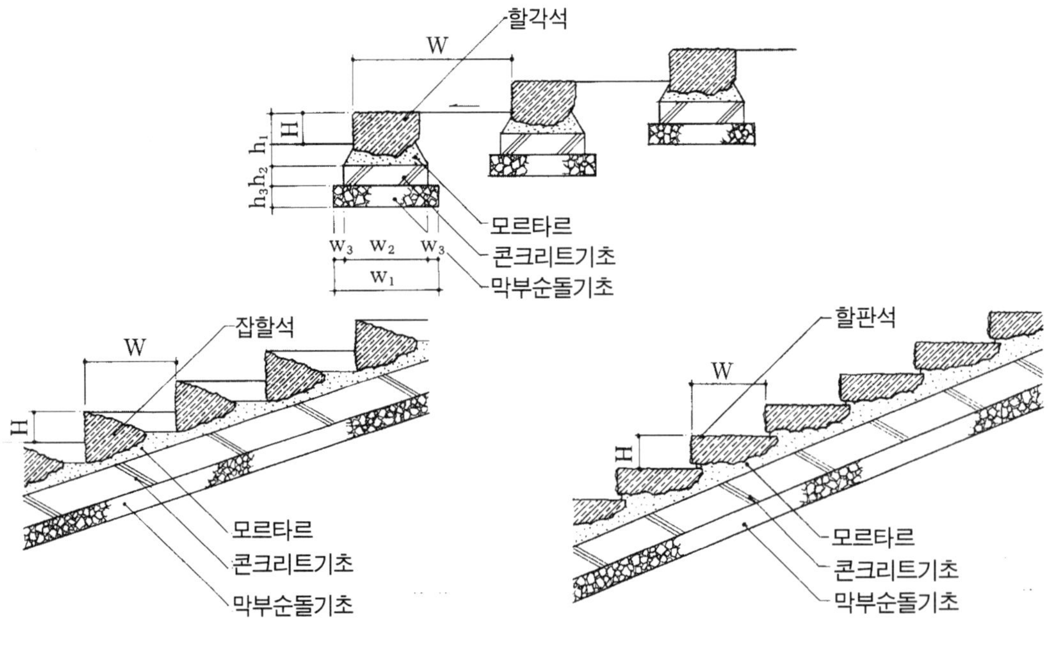

단 면 도

＊알파벳 기호는 주요한 치수를표시한다.

▨ 시공사례

정의

· 할석계단시공은 잡할석, 할각석, 할판석 등을 사용한 계단으로 석재의 합단 및 높이를 재주것 맞춰 설치하는 것
· 돌의 천단폭은 규정이 없다.

설계상의 유의점

· 설계에 있어서는 공통사항 1)~15), 17)을 고려한다.
· 계단의 단면형상은 시공장소, 시공성을 검토 중에 결정한다..
· 계단폭은 돌의 비율을 고려하여 결정한다.
· 돌의 비율을 명시한 평면도를 부착한다.
· 석재의 원석명과 형태치수를 명기한다.
· 형태치수의 석재의 표면마감 , 각부의 마감을 명기한다.
· 줄눈의 시방을 명기한다.

적산상의 유의점

· 적산에 있어서는 공통사항 1)~4)를 고려한다.
· 1계단당 또는 한가지 서식의 견적으로 한다.

시공상의 유의점

· 시공에 있어서는 공통사항 1), 5), 6)을 고려한다.
· 합단이 합해지도록 가공하면서 시공한다.
· 석재의 표면이 오염되지 않도록 주의하여 시공한다.

사용석재

· 할석계단시공에 사용하는 잡할석, 할각석, 할판석은 다음과 같지만 설계의도에 따라 조경용을 사용하는 경우도 있다.

〈잡 할 석〉

1) 형태는 면이 거의 정방형에 가깝고, 각 능변 및 대각선의 길이는 버팀길이의 약 3분의 2로 한다.

2) 치수는 다음과 같다.

종 류	버팀길이(cm)
30잡할석	30이상
35잡할석	35이상
40잡할석	40이상
45잡할석	45이상
50잡할석	50이상
55잡할석	55이상

3) 품질은 강도, 내구성으로 치수의 부정확, 휨, 균열, 얼룩, 흠, 패임이 거의 없는 것

〈할 각 석〉

1) 형태는 폭이 두께의 3배미만인 길이를 가진 것

2) 치수는 다음과 같다.

종 류	두께(cm)	폭(cm)	길이(cm)
12의 15	12	15	91,100,150
15의 18	15	18	
15의 21	15	21	
15의 24	15	24	
15의 30	15	30	
18의 30	18	30	

*두께와 폭에서는 길이쪽을 폭으로 한다.

3) 품질은 치수의 부정확, 깎음, 균열, 얼룩, 푸석거림. 흠집, 패임 등의 결점이 거의 없는 정도로 1~3등급으로 구분한다.

〈할 판 석〉

1) 형태는 각두께가 15cm미만이거나 폭이 두께의 3배이상인 것

2) 치수는 다음과 같다.

폭(cm)	두께(cm)	길이(cm)
30	8~12	30
40		40
40 45 50 55 60 65	10~15	90

3) 품질은 치수의 부정확, 쪼개짐, 균열, 푸석거림, 흠집,패임 등의 결점의 정도로 1~3등급으로 구분.

▨ 할석 계단시공순서

시공순서는 표준적인 것이 있고, 현장조건에 따라 크게 변한다.

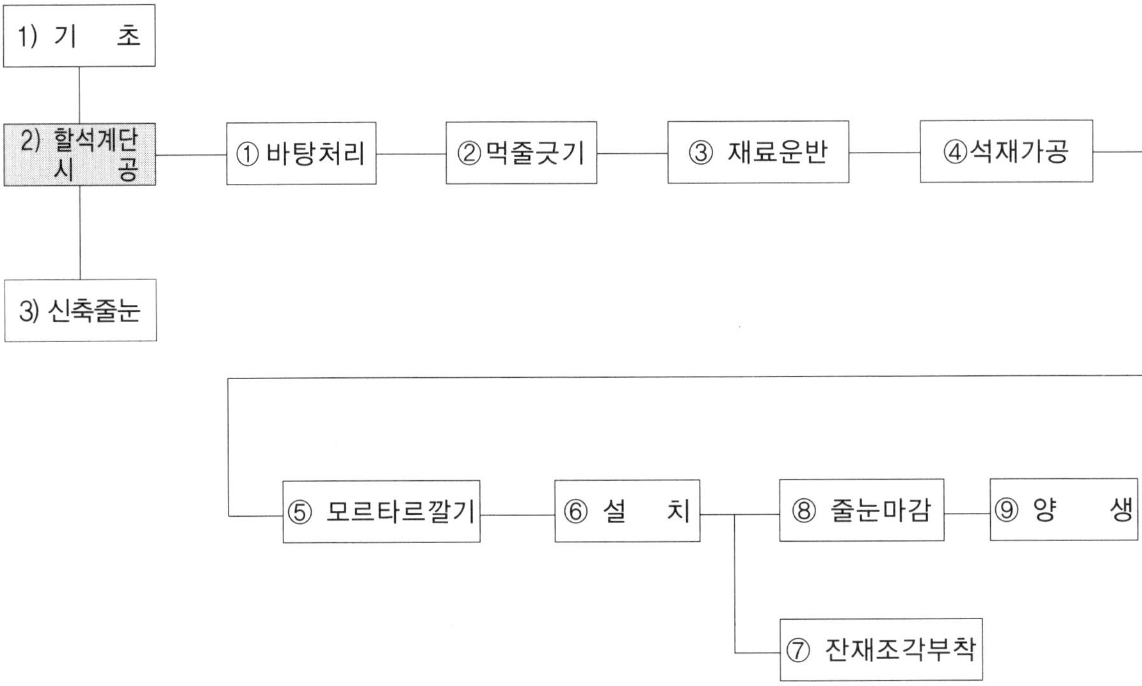

▨ 시공순서별 작업내용

1) 기　　초 ……………… 굴삭, 바닥부착, 클러시런노반, 콘크리트기초 등의 기초에 관한 일련의 작업

2) 할석계단시공 ……… 먹줄긋기에서 설치, 양생까지의 테두리설치에 관한 모든 작업

① 바탕처리 ………… 기초면 및 콘크리트 구체의 바탕처리작업

② 먹줄긋기 ………… 시공범위, 마감높이의 먹줄긋기작업

③ 재료운반 ………… 사용재료의 현장 하역장소 등에서부터 시공현장까지의 운반작업으로 운반거리 20m정도

④ 석재가공 ………… 석재가공은 원칙적으로 공장의 가공이 많지만 줄눈합단이나 높이의 조절을 베이비컷 등으로 가공을 실시하는 작업

⑤ 모르타르깔기 …… 균일모르타르깔기작업

⑥ 설　　치 ………… 가공한 석재를 물실, 수준기 등을 사용하여 평평하게 붙여가는 작업

⑦ 석재임시설치 …… 가공단재 등의 조각부착작업

⑧ 줄눈마감 ………… 채움작업. 하케 줄눈훑손 등으로 마감하는 작업

⑨ 양　　생 ………… 사람이 딛고 다녀서 뜬석 · 탈착 등이 발생하지 않도록 방호처리를 실시하는 작업

3) 신축줄눈 ……………… 특기 등에 따라 기초 콘크리트의 신축줄눈에 맞춰서 시공하는 경우가 있다. 이 경우 줄눈넣는 작업

▨ 표준도

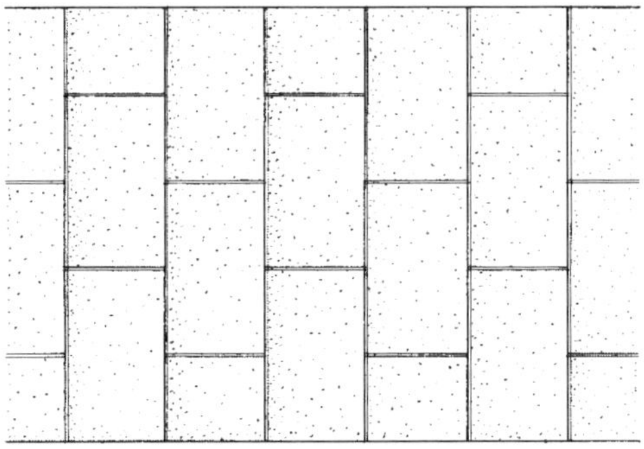

평 면 도

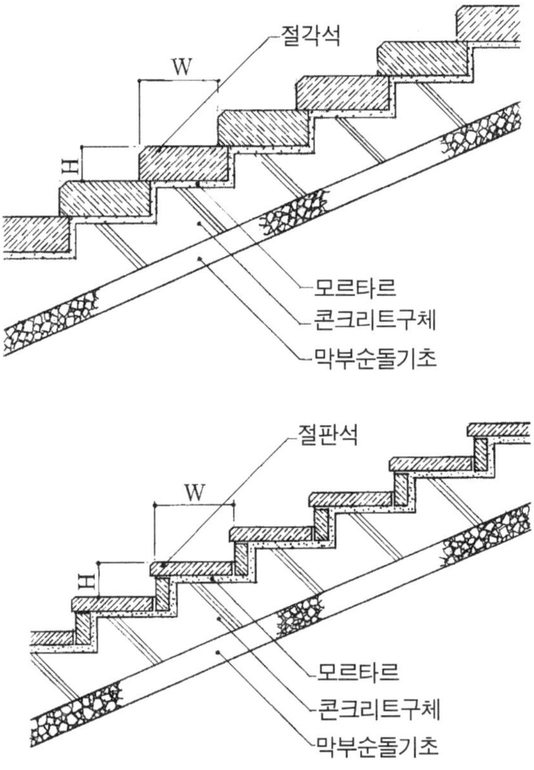

단 면 도

＊알파벳 기호는 주요한 치수를표시한다.

▨ 시공사례

정의

· 절석계단시공은 절각석, 절판석을 사용한 계단으로 석재의 높이를 맞추면서 설치하는 것
· 원칙적으로 합단의 깎음폭은 규정이 없지만 줄눈폭은 10mm이하로 한다.

설계상의 유의점

· 설계에 있어서는 공통사항 1)~15), 17)을 고려한다.
· 계단의 단면형상은 시공장소, 시공성을 검토 중에 결정한다..
· 계단폭은 돌의 비율을 고려하여 결정한다.
· 돌의 비율을 명시한 평면도를 부착한다.
· 석재의 원석명과 형태치수를 명기한다.
· 석재의 표면마감 , 각부의 마감을 명기한다.
· 줄눈의 시방을 명기한다.
· 디딤부분은 오염되기 쉬으므로 가공하지 않는 것이 바람직하다.

적산상의 유의점

· 적산에 있어서는 공통사항 1)~4)를 고려한다.
· 1계단당 또는 한가지 서식의 견적으로 한다.

시공상의 유의점

· 시공에 있어서는 공통사항 1), 5), 6)을 고려한다.
· 돌이 각져 뾰족한 부분은 가공한다..
· 석재의 표면이 오염되지 않도록 주의하여 시공한다.
· 백화현상이 발생하지 않도록 고려한다.

사용석재

· 절석계단시공에 사용하는 절각석, 절판석은 다음과 같지만 설계의도에 따라 조경용을 사용하는 경우도 있다.

〈절 각 석〉

1) 형태는 폭이 두께의 3배미만인 길이를 가진 것
2) 치수는 다음과 같다.
＊두께와 폭에서는 길이쪽을 폭으로 한다.

종 류	두께(cm)	폭(cm)	길이(cm)
12의 15	12	15	91,100,150
15의 18	15	18	
15의 21	15	21	
15의 24	15	24	
15의 30	15	30	
18의 30	18	30	

*두께와 폭에서는 길이쪽을 폭으로 한다.

3) 품질은 치수의 부정확, 깎음, 균열, 얼룩, 푸석거림. 흠집, 패임 등의 결점이거의 없는 정도로 1~3 등급으로 구분한다.

*비산이나 숏블러스트 등 각종 표면마감을 사용한다.

〈절 판 석〉

1) 형태는 각두께가 15cm미만이거나 폭이 두께의 3배이상인 것
2) 치수는 다음과 같다.

폭(cm)	두께(cm)	길이(cm)
30	8~12	30
40		40
40 45 50 55 60 65	10~15	90

3) 품질은 치수의 부정확, 쪼개짐, 균열, 푸석거림, 흠집,패임 등의 결점의 정도로 1~3등급으로 구분.

*비산이나 숏블러스트 등 각종 표면마감을 사용한다.

〈절 각 석〉

〈절 판 석〉

▨ 절석계단 시공순서

시공순서는 표준적인 것이 있고, 현장조건 등에 따라 크게 변화한다.

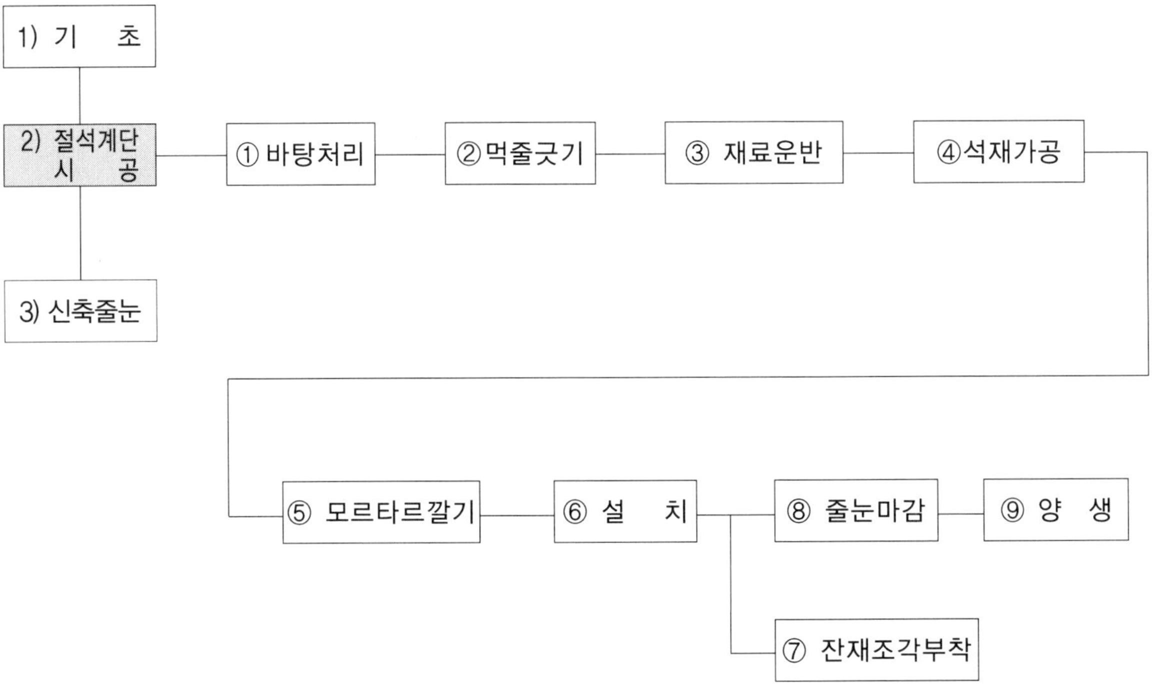

▨ 시공순서별 작업내용

1) 기　　초 ················ 굴삭, 바닥부착, 클러시런노반, 콘크리트기초 등의 기초에 관한 일련의 작업

2) 절석계단시공 ········· 먹줄긋기에서 설치, 양생까지의 테두리설치에 관한 모든 작업

① 바탕처리 ············ 기초면 및 콘크리트 구체의 바탕처리작업

② 먹줄긋기 ············ 시공범위, 마감높이의 먹줄긋기작업

③ 재료운반 ············ 사용재료의 현장 하역장소 등에서부터 시공현장까지의 운반작업으로 운반거리 20m정도

④ 석재가공 ············ 석재가공은 원칙적으로 공장의 가공이 많지만 줄눈합단이나 높이의 조절을 베이비컷 등으로 가공을 실시하는 작업

⑤ 모르타르깔기 ······ 균일모르타르깔기작업

⑥ 설　　치 ············ 가공한 석재를 물실, 수준기 등을 사용하여 평평하게 붙여가는 작업

⑦ 잔재조각부착 ······ 가공단재 등의 조각부착작업

⑧ 줄눈마감 ············ 채움작업. 하케 줄눈흙손 등으로 마감하는 작업

⑨ 양　　생 ············ 사람이 딛고 다녀서 뜬석 · 탈착 등이 발생하지 않도록 방호처리를 실시하는 작업

3) 신축줄눈 ················ 시공면적이 큰 경우, 특기 등에 따라 기초 콘크리트의 신축줄눈에 맞춰서 시공하는 경우가 있다. 이 경우 줄눈넣는 작업

고도성장에 따른 도시에서의 인구집중에 따라 도시 하천의 유역이 건물이나 포장으로 복개된 결과, 홍수의 도달시간은 단축하여 유출이 증대하는 새로운 형의 도시수해가 빈발해졌다. 이로 인해서 하천은 빗물을 빠르게 유출하도록 하는 기능을 우선시해야 하고 하천은 보다 직선적으로 하천바닥이나 호안은 콘크리트로 정비해야만 한다.

또한, 하수도 및 사회간접자본의 기반정비가 급격한 도시화를 추격하지 못하고 잡배수 등이 유입되어져 수질이 악화되거나 하천에 서식하는 생물이 현저하게 감소하였다.

근래에 하수도의 정비도 정리하고, 하천의 자연환경을 새롭게 인식되어 이처럼 하천의 형태에 대한 반성의 목소리가 높아지고 안전성을 발판으로 생태계나 자연경관에 배려하는 에코롤리지컬 디자인이 하나의 커다란 붐이 시작되었다.

사이즈, 드이시 등으로 실시되는 최근 자연하천공법이 소개되어「친환경형 자연하천만들기추진」을 표시하고 이것을 계기로 전국에 확산되고 있다.

이전에도 생물에 배려한 청계천복원사업이나 자연하천의 형태에 착안한 디자인이 소개되면서 성공을 거두기 위해서라도 일부의 생물이나 하천디자인 등의 부분적인 대응이 많아졌다.

최근에는 생태환경을 포함하여 하천의 형태, 물매, 호안을 종합적으로 계획하여 파충류, 조류, 어패류, 등의 재현을 호안에는 전통공법의 다공질의 구조를 사용하거나 하천바닥에 콘크리트로 하고 점토와 옥석을 깔아채움으로서 보다 자연에 부응하도록 종합적으로 생태환경과 경관의 향상을 목표로 하고 있다.

이제는 종합적인 계획을 진행시켜서 원시풍경의 창출을 도모하거나 하천과 자연, 하천과 주변주민과의 사이에 존재한 풍부함과의 관계가 합치되어 재현하도록 하는 것이 고려되기 때문에 하천생태의 생명과 석재를 포함한 재료의 연구 등도 동시에 석재, 목재 등의 자연소재의 사용에 따른 시공비용이나 유지관리비의 증대에 대한 이해가 필요해졌다.

지금까지 본서에서는 토목과 정원에 대한 언급은 기능과 조경의 대비로 글로 진행되었지만 이제부터는 자연과 인간이 대립에서 협조로 행해지도록 쌍방이 협조하여 환경을 포함한 모든 문제에 수반되는 자세가 필요한 것이 친환경자연형 호안은 암시된 생각이다.

▨ 시공사례

▨ 시공사례

석 등

벤 치

석교

▨ 시공사례

수 반

원 명 석

등롱

음수대

분 수

음수대 · 원명석

차 고 정

분 수

조경석공사 메뉴얼

1쇄 2017년 11월 15일
2쇄 2020년 5월 20일

조경기술연구회 편
발행인: 김기현
발행처: 시공문화사(**Spacetime**)
출판등록: 1993년 3월 12일
주소: 서울시 서대문구 독립문공원길 13 (03733) 극동프라자 5층
전화: 02) 3147-1212
팩스: 02) 3147-2626

http://www.spacetime.co.kr
mail: spacetime@korea.com

편집: Design Battery
인쇄: (주)한림문화사
제본: (주)서정바인텍
용지: (주)대림지업사

ISBN: 978-89-5592-391-9

정가: 15,000원